Edson Gonçalves

Simplificando os Conceitos da

Manutenção Industrial

EDITORA CIÊNCIA MODERNA

Simplificando os Conceitos da Manutenção Industrial

Editor: Paulo André P. Marques
Produção Editorial: Dilene Sandes Pessanha
Capa: Equipe Ciência Moderna
Diagramação: Equipe Ciência Moderna
Copidesque: Equipe Ciência Moderna

FICHA CATALOGRÁFICA

GONÇALVES, Edson

Simplificando os Conceitos da Manutenção Industrial

Rio de Janeiro: Editora Ciência Moderna Ltda., 2022.

1. Engenharia Industrial
I — Título

ISBN: 978-65-5842-206-8 CDD 621.7

Editora Ciência Moderna Ltda.
R. Alice Figueiredo, 46 – Riachuelo
Rio de Janeiro, RJ – Brasil CEP: 20.950-150
Tel: (21) 2201-6662/ Fax: (21) 2201-6896
E-MAIL: LCM@LCM.COM.BR
WWW.LCM.COM.BR **09/22**

Casa Arrumada...

Casa arrumada é assim:
Um lugar organizado, limpo, com espaço livre pra
circulação e uma boa entrada de luz.
Mas casa, pra mim, tem que ser casa e não um
centro cirúrgico, um cenário de novela.
Tem gente que gasta muito tempo limpando,
esterilizando, ajeitando os móveis, afofando as almofadas...
Não, eu prefiro viver numa casa onde eu bato o olho e percebo logo:
Aqui tem vida...
Casa com vida, pra mim, é aquela em que os
livros saem das prateleiras e os enfeites brincam de trocar de lugar.
Casa com vida tem fogão gasto pelo uso, pelo abuso das refeições
fartas, que chamam todo mundo pra mesa da cozinha.
Sofá sem mancha?
Tapete sem fio puxado?
Mesa sem marca de copo?
Tá na cara que é casa sem festa.
E se o piso não tem arranhão, é porque ali ninguém dança.
Casa com vida, pra mim, tem banheiro com vapor
perfumado no meio da tarde.
Tem gaveta de entulho, daquelas que a gente guarda barbante,
passaporte e vela de aniversário, tudo junto...
Casa com vida é aquela em que a pessoa entra e
se sente bem-vinda.
A que está sempre pronta pros amigos, filhos...
Netos, pros vizinhos...
E nos quartos, se possível, tem lençóis revirados por
gente que brinca
ou namora a qualquer hora do dia.
Casa com vida é aquela que a gente arruma pra ficar
com a cara da gente.
Arrume a sua casa todos os dias...
Mas arrume de um jeito que lhe sobre tempo pra viver nela...
E reconhecer nela o seu lugar.

Carlos Drummond de Andrade

Agradecimentos

Agradeço veementemente a minha esposa Neide e minhas filhas Sabrina e Emanuelle, que abriram mão de inúmeros momentos de lazer e de convívio familiar, para que fosse possível concretizar esta obra, bem como o apoio e incentivo concedidos.

Agradeço minha irmã Girlene, por se sacrificar em alguns momentos de sua vida para que eu pudesse seguir em frente e me tornar o homem e profissional que hoje sou.

Agradeço à Senhora Maria Vieira Gonçalves, por cada segundo de dedicação, de cuidados e de amor, por cada palmada e cada castigo que me deu, pois somente com as ações e atitudes tomadas por ela, fui capaz de me tornar o homem, o profissional e o pai que sou hoje.

Agradeço também ao Sr. Otil Gonçalves Neto (in memoriam), um homem semianalfabeto, sem cultura, mas que me ensinou todos os valores da vida, me ensinou a necessidade que um ser humano tem de batalhar pelos seus sonhos, me ensinou a traçar meus objetivos, a valorizar o próximo.

Este casal Sr. Otil e Sra. Maria que me mostraram que não temos limite nesta vida, que podemos realizar tudo o que quisermos, e que estas realizações somente fazem sentido se forem de coração e com muita dedicação e trabalho, que batalhar pelos nossos sonhos é o verdadeiro sentido da vida.

Este casal que tenho o imenso orgulho de chamar de "MEUS PAIS".

Dedicatória

Dedico esta obra a todos os meus familiares, sem exclusão de nenhum grau de parentesco, pois cada um deles tem um papel importante na minha vida.

A cada um dos meus professores e instrutores que me alfabetizaram e me direcionaram ao aprendizado formal, técnico e moral.

A cada um dos meus amigos de infância, adolescência e vida adulta, que conviveram comigo em todos os momentos de alegria e tristeza.

Dedico também esta obra a todos os colegas de trabalho que conviveram comigo ao longo de toda a minha vida profissional. Àqueles que me ensinaram as atividades do dia a dia, àqueles que aprenderam comigo no dia a dia. E principalmente àqueles que discordaram de algumas de minhas opiniões e decisões, discordâncias estas que serviram de diálogos e discussões que originaram em novos estudos até que encontrássemos uma definição comum e definíssemos conceitos favoráveis a todos.

Reservo-me no direito de não citar nenhum nome, para que eu tenha a consciência tranquila por não ter me esquecido de mencionar nenhuma das pessoas que fizeram parte da minha história até nos dias de hoje.

Reflexão

Todos os dias Deus nos dá um momento em que é possível mudar tudo que nos deixa infelizes.

O instante mágico é o momento em que um 'sim' ou um 'não' pode mudar toda a nossa existência.

Se você não acorda cedo, nunca conseguirá ver o sol nascendo.

Se você não reza, embora Deus esteja sempre perto, você nunca conseguirá notar sua presença.

Por isso, quem deseja ver o arco-íris, precisa aprender a gostar da chuva.

Paulo Coelho

Prefácio

Após 29 anos de experiências e convívios no universo da manutenção, tive a oportunidade de conhecer, aprender, desenvolver e presenciar diversas etapas de evolução de formas distintas de se enxergar a manutenção dentro de inúmeras empresas de pequeno, médio e grande porte.

O mais curioso é que com a convivência com diversos profissionais de variados segmentos industriais, me surpreendi com uma nova geração que trabalha, desenvolve e pratica manutenção, sem ao menos saber o que realmente significa a Manutenção Industrial.

Mesmo após mais de uma década e meia de vivência do século XXI, passamos por diversas aprimorações do cenário mundial em se tratando de estratégias de manutenção, com o desenvolvimento de várias técnicas acontecidas no século passado, com a implantação de uma infinidade de ferramentas estratégicas, foi notório o crescimento da manutenção dentro do segmento industrial, deixando de ser simplesmente uma área de apoio e se tornando um processo produtivo.

O mundo industrial composto pelas maiores organizações e potências industriais eternizaram metodologias científicas, técnicas e práticas para garantirem a evolução da manutenção industrial, a qual se tornou um processo dentro da cadeia produtiva, com o desenvolvimento de estudos, técnicas, projetos, controles, entre outras formas de se gerenciar a manutenção de qualquer processo produtivo independentemente do segmento industrial a ser trabalhado.

Entretanto, mesmo com toda esta evolução, ainda é muito comum encontrar profissionais da manutenção industrial enraizados dentro das organizações com anos de experiência naquilo que desenvolvem que ainda não conhecem exatamente o que é a manutenção.

Se perguntarmos para nossa equipe de manutenção da nossa empresa: O que é Manutenção? Certamente não saberão responder. Irão pensar, tentar justificar de várias formas, buscarão exemplos, mais não conseguirão responder exatamente o que é manutenção. Ou o que entendem por manutenção.

Para ilustrar que o que está sendo mencionado neste prefácio é exatamente a realidade do nosso cenário nacional no que diz respeito à manutenção, você leitor, faça este teste em sua empresa. Procure sua equipe de manutenção e peça para que definam para você:

O que é manutenção industrial?
O que eles entendem sobre manutenção industrial?

De posse das dificuldades de definirem e/ou entenderem, poderá confirmar ou não que parte dos nossos profissionais de manutenção dos dias de hoje, desenvolvem suas atividades sem ter conhecimento de suas reais responsabilidades e ou diretrizes normativas as quais deveriam seguir e doutrinar como as normas que a regem dentro de diversas organizações produtivas.

O despreparo de nossos profissionais começa dentro das escolas técnicas e universidades as quais não esclarecem plenamente aos alunos e aprendizes o que realmente significa manutenção industrial.

O propósito deste projeto é apresentar o que realmente é a manutenção industrial e como ela deve ser entendida pelo chão de fábrica em uma linguagem clara e simples, que proporcionará aos profissionais desta modalidade industrial o entendimento básico do que é a manutenção industrial e como ela poderá auxiliar na continuidade operacional de todo o ciclo da cadeia produtiva.

Apresentação

Como falar de Manutenção sem citar o nome de Edson Gonçalves, fundador e gestor da empresa Optimus Soluções Inteligentes, autor renomado da literatura técnica de Manutenção, possui uma sólida e consolidada experiência técnica, desenvolvida na atuação de atividades de empresas de vários e importantes segmentos industriais no Brasil e no exterior. É referência em desenvolver e implementar sistemáticas de Manutenção, gestão e otimização de processos para contribuir com a redução de custos e aumento de produção através da maior disponibilidade dos equipamentos.

O crescente aumento da competitividade nas indústrias exige o contínuo aprimoramento das práticas de gestão da manutenção nos seus equipamentos. Com sua especialização técnica, criatividade e raciocínio lógico o autor apresenta os profissionais de manutenção como personagens principais no desenvolvimento da eficiência produtiva das fábricas.

Atualmente a Manutenção deve ser considerada como estratégica. Estando alinhada aos objetivos organizacionais, sobretudo, sendo uma ferramenta para elevar a produtividade.

As tecnologias transformam a forma como as empresas integram com o mercado, funcionários e clientes. Os processos ficam cada vez mais automatizados e produtivos, pois é necessário atender às exigências do setor, essa mudança também deve ser aplicada na estrutura da Manutenção. Sendo assim, é importante conhecer as melhores técnicas e saber qual é a mais indicada para sua empresa.

Trata-se de uma leitura de forma clara, objetiva e dinâmica, extremamente importante, trazendo informações desde conceitos básicos e fundamentais para o meio acadêmico, engenheiros, técnicos e demais profissionais ligados ao mundo da Manutenção, que desejam atingir a excelência operacional.

Da mesma forma que recebi com grande satisfação e privilégio o convite para esta apresentação, espero que o leitor tenha este mesmo sentimento com a leitura, aproveite o conteúdo por completo e transmita esse conhecimento à sua equipe.

Siga em frente e Boa Leitura!

Anderson Carlos Ferencz
Gestor de Manutenção

Sumário

Capítulo 1

Introdução

A Manutenção Industrial é o segmento que mais tem passado por mudanças e evoluções do que qualquer outra atividade no mundo.

Outras atividades podem até criar mais do que a Manutenção Industrial, mas nem sempre conseguem aplicar suas criações e medir sua efetividade, como por exemplo, a medicina cria novas vacinas, novas técnicas cirúrgicas, novos medicamentos, entre outros procedimentos.

Porém, nem tudo que a medicina cria ela pode aplicar facilmente, em alguns casos, levam-se décadas até que sua criação se torne possível de ser aplicada.

Já a Manutenção possui uma facilidade imensa em colocar em prática tudo o que se cria e se projeto, pois tudo que for testado e não apresentar um resultado satisfatório pode ser descartado e recomeçado, ou seja, a manutenção industrial permite que qualquer um crie teste e avalie sua efetividade, sem maiores prejuízos para a organização.

Esta facilidade de se aplicar tudo que se cria, faz com que tudo que dá certo seja facilmente difundido entre as organizações e se expande com uma velocidade meteórica, causando uma avalanche de testes e aprimoramentos, onde as organizações e seus processos passam a ser imensos laboratórios de estudos e testes de técnicas, ferramentas e estratégias de execução e ou de gerenciamento do Processo de Manutenção Industrial.

Dentro do universo da manutenção industrial existem milhares de técnicas, ferramentas e estratégias que foram desenvolvidas e aplicadas com resultados fantásticos e que sem nenhum custo as empresas se apoderam da criação, implantam em seus processos e usufruem do benefício ora criado por alguma organização ou algum estudioso.

Toda esta logística é comum dentro do cenário da manutenção industrial, entretanto as criações necessitam ser adaptadas para cada organização, pois seus processos são distintos e suas diretrizes nem sempre são compatíveis com a criação. Porém, neste instante é que a manutenção industrial sofre um déficit, pois as faltas de conhecimentos mais profundos das criações levam a sua mortalidade prematura, dificultando assim a obtenção de seus resultados.

Tanto o despreparo quanto o desconhecimento da essência da manutenção industrial pelos profissionais atuais, levaram o segmento a reduzir o ritmo de suas criações impossibilitando assim a aplicação de novas metodologias e novas técnicas evolutivas.

Prova disto, hoje é comum encontrar organizações tentando se estruturar para implantarem a melhoria contínua, implantarem a Manutenção Centrada na Confiabilidade, ou até mesmo a Manutenção Produtiva Total.

Todas estas estratégias e ferramentas foram desenvolvidas em meados do ano de 1970, ou seja, há mais de 40 anos, e até hoje ainda não foram bem difundidas ou bem entendidas dentro do cenário nacional do universo da Manutenção Industrial.

Capítulo 2

Evolução

Desde a era mais remota de nossa civilização existe a necessidade de conservação e reparo de ferramentas e equipamentos.

Na idade antiga os homens necessitavam de que suas ferramentas de caça e pesca estivessem em perfeito estado de utilização para garantir sua sobrevivência, as presas não poderiam fugir porque talvez não tivessem uma segunda chance.

Porém, foi somente depois da invenção das primeiras máquinas, em séculos passados que o homem percebeu a extrema necessidade da realização da manutenção em seus equipamentos e ferramentas.

Assim, com a necessidade de se manter em bom funcionamento todo e qualquer equipamento, ferramenta ou dispositivo para uso no trabalho, em épocas de paz, ou em combates militares nos tempos mais remotos de guerra, houve as consequentes evoluções das distintas formas de manutenção. Pois toda guerra sempre avança a tecnologia, mesmo sendo guerra santa, quente, morna ou fria, onde os governos mais promissores investem em desenvolvimentos tecnológicos para avançar as pesquisas e sair na frente de seus adversários.

Após a revolução industrial, surgiram várias funções básicas nas empresas, as quais destas destacam-se a função técnica, relacionada com a produção e com a conservação dos patrimônios das empresas, da qual a manutenção é parte primordial.

Nos tempos mais remotos a manutenção era uma atividade que deveria ser executada em sua totalidade, pela própria pessoa que opera o equipamento, sendo este o perfil Ideal, sem nenhuma habilidade ou técnica.

Porém, com o grande avanço da tecnologia, os equipamentos e componentes tornaram-se de alta precisão e complexidade, e com o crescimento da estrutura empresarial, foram sendo introduzidas diversas sistemáticas e a função da manutenção foi sendo gradativamente dividida, e alocada em setores especializados, os quais passaram a destinar suas habilidades e conhecimentos apenas para garantir a produção mantendo as máquinas funcionando.

Como a evolução tecnológica não parou de se destacar no senário mundial foram sendo instalados novos equipamentos, e grandes inovações foram sendo executadas para atender às solicitações de aumento de produção, assim o departamento operacional passou a dedicar-se somente à produção, não restando alternativa a não ser a criação do departamento de manutenção, que passaria a responsabilizar-se por todas estas funções destinadas aos reparos e disponibilização dos equipamentos para a produção.

Acredita-se que durante este período o resultado não foi totalmente satisfatório para as empresas pelo menos na proporção a que se desejava no passo que sua criação o propos.

Porém, como o avanço tecnológico continuou a crescer, desenvolvendo cada vez mais equipamentos sofisticados e de aceitação no mercado, foi um fato inevitável para fazer face às inovações tecnológicas, ao investimento em equipamentos e ao incremento da produção.

À medida que se passava para uma etapa de dificuldade do crescimento econômico, começava-se a exigir das empresas cada vez mais a competitividade e a readequação de custos, aprofundando o reconhecimento de que um dos pontos decisivos seria a busca da utilização eficiente dos equipamentos existentes até o seu limite.

Para isso, na manutenção, tornou-se como núcleo a atividade de prevenção da deterioração dos seus equipamentos e componentes, aumentando assim a necessidade da função básica de profissionais que não apenas corrigissem as respectivas falhas, mas também, pudessem evitar que elas ocorressem.

As evoluções não pararam por aí, e a necessidade de aprimorarem seus processos se tornaram eminentes e levaram a manutenção a desenvolver cada vez mais técnicas, ferramentas e estratégias para que sua continuidade operacional fosse mantida com confiabilidade.

Capítulo 3

As Fases do Desenvolvimento dos Sistemas Empresariais

Você sabe por que a Manutenção precisa existir?

A manutenção existe simplesmente porque nada neste mundo é eterno, tudo se desgasta, se deteriora, quebra, rompe, falha.

Se já é sabido por todos que todo elemento de máquina sofre alguma degradação, porque não apenas o substituímos?

Para que criar tanta ferramenta técnica, tanta estratégia e tantos recursos para minimizar aquilo que é inevitável?

Tudo isso é necessário porque na maioria das vezes as ações do próprio homem aceleram estes desgastes, aceleram estes rompimentos e principalmente geram estas falhas.

Isso acontece em todos os segmentos industriais independente do porte da organização.

Veja na explanação abaixo como as empresas desenvolvem seus sistemas empresariais, deixando os ativos propícios às falhas mais previsíveis.

Imaginemos o seguinte:

Um cliente possui três filhos e solicitou a uma determinada empresa que fabricasse um sistema para que suas 3 crianças pudessem brincar em um balanço, porém seria necessário que este balanço fosse simples, seguro e montado em uma árvore.

Vejamos a seguir como foi o desenvolvimento deste trabalho, colocando os setores para trabalharem separadamente:

1º- Levantamento de Custos Iniciais:

O projeto desenvolvido separadamente pelo entendimento e visão do setor de Levantamento de custos iniciais de projetos.

Pensamento:
São três filhos para balançarem em uma árvore...

Como o sistema foi descrito no levantamento de custos iniciais.

No levantamento de custos iniciais a projeção é gastar o mínimo possível para aumentar a margem de lucro, ou seja, quanto maior for a lucratividade melhor. Neste caso esta análise é realizada por profissionais administrativos e não técnicos.

2º- Análise de Projetos:

O projeto desenvolvido separadamente pelo entendimento e visão do setor de Análise de projetos.

Pensamento:
São três filhos para balançarem em uma árvore, mas alguém terá que empurrar...

Como foi definido pela análise de projetos.

No setor de projetos, geralmente os projetistas ou gestores são profissionais também administrativos que estudam as necessidades produtivas sem conhecer o universo que existe do lado de fora da sua sala e até mesmo o que existe além de sua prancheta, sua mesa e seu notebook.

3º- Segurança:

O projeto desenvolvido separadamente pelo entendimento e visão do setor de segurança em projetos.

Pensamento:
São três filhos para balançarem em uma árvore, então deverá ser fixada na parte mais forte...

Como foi especificado no projeto.

O setor de segurança é o setor mais crítico do sistema empresarial, pois é dele que surgem as limitações, os embargos, os bloqueios e demais dificuldades de execução de quaisquer atividades, pois precisam garantir a segurança. E para garantirem esta segurança ignoram quaisquer necessidades técnicas ou operacionais, sequer se preocupam com a funcionalidade do projeto, pois apesar de qualquer coisa, precisa ser seguro e só o que importa.

4º- Engenharia:

O projeto desenvolvido separadamente pelo entendimento e visão do setor de Engenharia.

Pensamento:
São três filhos para balançarem em uma árvore, então deverá ser fixada em dois pontos para não fragilizar, e deverá ficar na vertical...

Como foi implementado pela engenharia.

O setor de engenharia é a parte mais técnica da sistemática. É de lá que surgem os desenvolvimentos, as alterações, as aprovações finais e o acompanhamento da fabricação, instalação e start up.

Entretanto, nossa realidade é bem diferente, pois nossa engenharia não difere em nada do nosso setor de projeto, pois também não vive a realidade operacional, ela também é defasada diante das necessidades externas, ou seja, de tudo que acontece depois da porta de seu escritório.

Estes projetos após a aprovação da engenharia são adquiridos, fabricados e instalados. Mas, durante seu start up, percebe-se que não irá funcionar por diversas irregularidades. E neste caso o que fazer?

Chamem a Manutenção.

5º- Manutenção:
O projeto desenvolvido separadamente pelo entendimento e visão do setor de Manutenção.

Pensamento:
São três filhos para balançarem em uma árvore, então deverá ser fixada em dois pontos para não fragilizar, deverá ficar na vertical e também deverá balançar. Assim é fácil...

Como foi corrigido pela manutenção.

O setor da manutenção, por sua vez, quando é acionado, o equipamento ou ativo já está lá, montado e sem condições operacionais.

Entretanto, a função da manutenção é de garantir que o ativo desempenhe suas funções requeridas e com todas as dificuldades do mundo, sem recursos adequados, sem conhecimento sobre o ativo e sem argumentos para questionar, a manutenção adapta o equipamento da maneira que puder para garantir que o mesmo irá funcionar.

Porém, na verdade, o usuário havia solicitado um projeto bem simples e prático.

O que o usuário queria!

Esta é a realidade de todos os desenvolvimentos dos sistemas empresariais.

O usuário solicita uma coisa e os fornecedores e áreas afins da organização desenvolvem equipamentos mirabolantes que não atendem as necessidades exigidas diante de sua solicitação.

Isso acontece única e exclusivamente pela falta de interação entre os segmentos da organização. Cada setor trabalha e desenvolve suas atribuições em separado, sem envolvimentos com as funções dos demais, isso dificulta a comunicação e a troca de experiências para que os ajustes dos projetos sejam realizados antes mesmo de sua concepção e ou aquisição.

Raramente a manutenção é envolvida em algum projeto desde o início. Somente quando o equipamento não desenvolve sua função é que a manutenção é acionada. E na maioria dos casos o equipamento chega à unidade sem que a manutenção tivesse nenhum conhecimento da necessidade operacional de instalar e ou substituir o equipamento.

Esta falha na comunicação e na interação entre os segmentos, deixando a manutenção de fora dos projetos desenvolvidos gera uma série de problemas futuros desde a aquisição de um ativo muito diferente dos demais, o que gera uma nova relação de peças sobressalentes diferentes das peças já incorporadas na organização, até falta de conhecimento técnico para gerir e ou corrigir quaisquer necessidades do novo ativo.

Capítulo 4

História da Manutenção

A origem da manutenção está relacionada desde a era primitiva, onde os homens das cavernas necessitavam comer e para capturar suas presas, precisavam manter perfeitas, afiadas e em bom estado de conservação suas lanças e ou demais armas de caça.

Naquela época, mesmo sem ter a menor noção do que era a manutenção, sua prática já era rotineira e realizada por quem mais entendia do assunto, o caçador.

Ao longo da história o homem viveu assim, sempre buscando uma melhor forma de aprimorar suas técnicas de conservação para manter seus utensílios no mais perfeito estado de utilização.

Entretanto, os avanços sociais e tecnológicos somente aceleraram seus desenvolvimentos a partir da primeira grande guerra mundial e vem se difundindo em melhorias e avanços até os dias de hoje.

De acordo com os conceitos da Optimus Soluções Inteligentes, uma empresa especializada em conceitos e estruturação da manutenção, toda a história da nossa manutenção pode ser dividida em cinco distintas gerações:

- Primeira — Mecanização.
- Segunda — Industrialização.
- Terceira — Automação.
- Quarta — Otimização.
- Quinta — Excelência Operacional.

Geração 1- Mecanização:

Sua fase aconteceu entre 1940 e 1950, ou seja, durante a segunda grande guerra mundial.

Este fato aconteceu simplesmente porque os exércitos precisavam tirar os homens trabalhadores e os cavalos de carga dos campos de plantações para levá-los para a guerra, como soldados da linha de frente dos pelotões.

Porém, seria necessário que os plantios e colheitas continuassem acontecendo para não faltar manti-mentos nem recursos suficientes para a população e para o próprio exército.

Para que isso fosse possível, foi necessário desenvolver máquinas que substituíssem os trabalhos dos homens e dos cavalos garantindo assim que os plantios e as colheitas continuassem em abundância.

No entanto, as máquinas desen-volvidas naquela época, sem nenhuma tecnologia, eram equi-pamentos simples e subdimen-sionados, facilmente sub-metidos a quebras e falhas, tamanha era a fragilidade de sua forma construtiva.

Devido a esta fragilidade e a frequência de falhas, seus desempenhos e rendimentos eram muito baixos, suas produtividades não atendiam às necessidades do momento e geravam um volume significativo de necessidades de reparos e intervenções.

Para piorar ainda mais, naquela época não existiam profissionais de manutenção qualificados e os consertos eram realizados pelos próprios operadores, sem nenhuma qualidade técnica.

Assim podemos afirmar com toda certeza que não existia nenhuma sistemática de manutenção, aplicava-se o que hoje conhecemos como manutenção corretiva, ou seja, só atuava após a falha, utilizava-se o equipamento até falhar, ignorando toda e qualquer condição adversa.

Geração 2- Industrialização:

Sua fase aconteceu entre 1950 até 1975, ou seja, após o fim da segunda grande guerra mundial até o meio da década de 70.

Neste período, as indústrias evoluíram de forma meteórica, pois o mercado começou a consumir um número maior de produtos industrializados devido à grande praticidade oferecida pelo comércio.

Assim a indústria foi obrigada a produzir em maior escala e para que isso acontecesse, as linhas de produção passaram a ser contínuas, ou seja, a produção em série foi necessária para manter o volume de produtos consumidos pela população.

Porém, como as linhas de produção se tornaram contínuas, os ativos não mais poderiam falhar, pois toda falha gera paradas de máquinas, e máquina parada significa perda de produção, e perda de produção significa falta de produto no mercado. Para evitar estas perdas foi necessário garantir a disponibilidade dos ativos, garantindo a continuidade operacional e cumprindo com volume de produção ofertado.

Para garantir este aumento da disponibilidade dos ativos, foi extremamente necessário inserir dentro das indústrias técnicas de diferentes tipos de manutenção com o intuito de evitar que os ativos falhassem.

Durante esta geração foram desenvolvidas técnicas de manutenção preventiva e preditiva, bem como diversas ferramentas estratégicas as quais foram oriundas de estudos realizados pela aviação e empregados na indústria com o intuito de minimizar as quebras e aumentar a disponibilidade dos ativos.

Para conduzir e gerenciar todas estas novas técnicas e ferramentas estratégicas, foi inevitável que a manutenção necessitasse evoluir e sendo assim a mão de obra precisava se qualificar ainda mais, onde não mais o operador era o responsável por consertar as máquinas, e sim profissionais treinados e altamente qualificados assumiram a manutenção aplicando todas as técnicas e ferramentas desenvolvidas para garantir a disponibilidade dos ativos.

Especializar a mão de obra também não era o suficiente, ainda necessitava medir tal evolução e desempenho dos ativos. Para isso foram criados junto as técnicas e ferramentas estratégicas toda uma lógica de controle para medição dos resultados do emprego das técnicas e estudos. Assim surgiram os KPIs, ou seja, os indicadores da manutenção. Números e gráficos que iriam justificar a necessidade de todo investimento e suas ações efetivas.

Geração 3- Automatização:

Sua fase aconteceu entre 1975 até 1990, onde esta etapa revolucionou a indústria do ponto de vista operacional.

O consumo de produtos industrializados aumentou em uma velocidade fantástica, obrigando as indústrias a produzirem muito mais. E na medida em que o consumo aumentava, a exigência dos consumidores também crescia com relação à qualidade dos produtos, onde a indústria precisou se preocupar tanto com o volume de produção quanto com a qualidade dos produtos ofertados ao mercado consumista.

Para melhorar o volume de produção e a qualidade, as máquinas necessitavam melhorar seu desempenho, pois apenas as técnicas e ferramentas implantadas na geração anterior não mais eram capazes de garantir toda a exigência do mercado.

Para melhorar o desempenho das máquinas bastava uma única ação, tirar a mão do homem da máquina. Deixar que a máquina realizasse seu trabalho sozinha. Nesta época ocorreu a automatização, ou seja, máquinas produzindo sem o acionamento manual dos operadores, teríamos linhas de produção contínuas com um número bem reduzido de material humano exercendo quaisquer comandos sobre as máquinas.

Nesta geração, também foi criada a estratégia "Just in Time" o que também era chamada de produção enxuta, o que significa evitar produzir para estocar, somente se produzia aquilo que já se tinha um acordo de venda e entrega com prazos estabelecidos, os quais necessitavam ser cumpridos.

Com a automatização, inúmeros componentes eletrônicos foram inseridos nos ativos, para manter o controle e sincronismos dos processos produtivos das linhas de produções contínuas.

Nesta fase aquela mão de obra que foi especializada na geração anterior, teve que se adaptar aos novos componentes e se qualificar ainda mais, com programas e softwares que controlávamos acionamentos das máquinas que ora eram realizados pelas mãos do homem.

Geração 4- Otimização:

Sua fase aconteceu entre 1990 até 2010, onde todas as grandes organizações atualizaram seus processos produtivos para se adaptarem à geração anterior.

Além das adaptações tecnológicas fornecidas pela automatização, os órgãos de fiscalizações em todo o mundo começaram a exigir das organizações que se cumprissem determinadas regras para se adequarem as suas licenças operacionais.

Estas normas foram mundialmente homologadas e as organizações também tiveram que se adaptar com alguns problemas que até então eram ignorados pelo governo.

A inserção das exigências quanto à segurança e ao meio ambiente, levou as organizações a se reestruturarem para cumprir a legislação vigente, pois foi necessária a integração do meio ambiente e a segurança dentro do processo produtivo.

Porém, o cumprimento das exigências da legislação gerou um custo significativo para as organizações as quais agregaram este custo ao seu produto final.

Com o custo agregado ao produto final, as organizações que desprendiam de um volume maior de profissionais e ou de uma necessidade maior de cuidar do ambiente aos arredores, demandava um custo muito alto. Sendo assim as organizações tiveram que readequar seus custos para que pudessem novamente se tornar competitivas no mercado.

Com esta necessidade, tivemos que otimizar todos os recursos disponíveis para que o custo do produto final pudesse acompanhar a condição financeira tanto do país quanto da população.

Otimizar é, usar seus recursos da melhor maneira possível, extraindo dele a maior capacidade produtiva com qualidade e com o menor custo possível.

Nesta fase foi criada a Engenharia de Manutenção, um segmento dentro da manutenção para gerenciar todas as ferramentas, técnicas e estratégias da manutenção, vinculadas ao aumento da produção, à qualidade do produto, a proteção dos profissionais, a proteção do meio ambiente, e ao desenvolvimento e controle de novas técnicas, e ferramentas estratégicas.

Geração 5- Excelência Operacional:

Sua fase acontece neste exato instante, originada no final da década de 2010 até os dias atuais.

Ser excelente industrialmente significa:

1. Manter a qualidade do produto e do serviço.
2. Preservar a conformidade total.
3. Readequar os custos relacionados à qualidade para satisfazer as necessidades dos clientes.
4. Persistir na competitividade.
5. Ter compromisso, determinação, atenção a detalhes e esforço em equipe são exigências para se atingir tais metas.

O assunto do momento são as competências: são elas que governam os recursos e os tornam produtivos e rentáveis. Recursos são importantes, mas não possuem o dom da atividade própria ou da inteligência.

Hoje, os recursos constituem a plataforma ou base sobre a qual agem as competências. São as competências que lhes dão aplicabilidade, adequação, destinação e alcance de retornos desejáveis.

Isso dá uma ideia da importância das pessoas no jogo empresarial e da necessidade de uma nova e diferente gestão de talentos. E isso significa um desafio formidável para muitas empresas, uma profunda e radical mudança cultural e administrativa.

Cultural porque se trata de mentalidade.
Nesta nova geração da manutenção, o foco está nos seguintes tópicos:

1. Definição dos processos principais.
2. Definição das ferramentas estratégicas.
3. Gerenciamento financeiro dos ativos.
4. Compromisso com o negócio.
5. Reconhecimento do compromisso.

Com estes quesitos atrelados com todas as ferramentas e estratégias criadas ao longo dos anos e desenvolvidas nas gerações anteriores, a organização visa atingir o mais alto patamar de padrão mundial.

Gerenciando os riscos.

De forma Sustentável.

Alcançando o equilíbrio desejado.

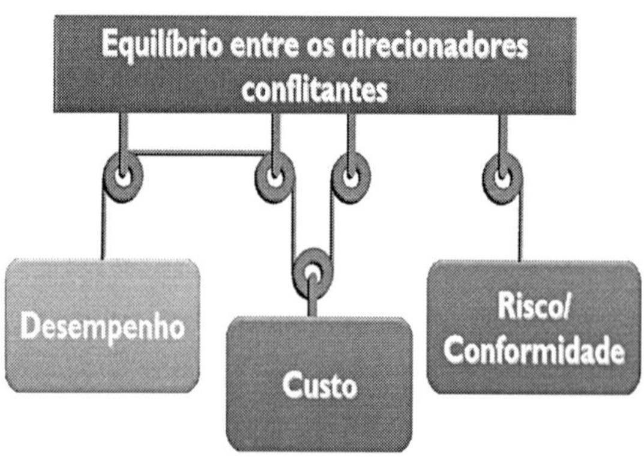

Identificando seus talentos internos.

Valorizando seus talentos.

Neste novo desafio desta nova geração da manutenção, as organizações buscam atingir o mais elevado patamar de excelência operacional dentro da gestão da manutenção, mantendo sua evolução tecnológica com confiabilidade e ainda retendo internamente seus talentos de forma que o know-how da organização permaneça inserido em sua equipe.

Mesmo que a rotatividade da mão de obra venha a ser um problema frequente, as informações permanecem dentro da organização através de um gerenciamento consciente, eficaz e favorável.

Capítulo 5

Cronologia da Manutenção

A existência de todas as cinco gerações, levou a manutenção a viver uma evolução tecnológica, a qual com base no tempo, nas metodologias e nos crescimentos, foi possível criar uma idade cronológica em forma de Maturidade da Manutenção com base no seu amadurecimento profissional.

Estratificação Cronológica.

Geração 1:.......... Mecanização.
Período:............. 1940 até 1950.
Ação:.................. Conserto após a falha.
Visão:..................Nenhuma visão.

Geração 2:...........Industrialização.
Período:..............1950 até 1975.
Ação:...................Disponibilidade operacional.
Técnicas de Manutenção.
Mão de obra especializada.
Visão:..................Fábrica.

Geração 3:...........Automatização.
Período:..............1975 até 1990.
Ação:....................Ativos automáticos.
Melhor qualidade.
Melhor desempenho.
Mão de obra mais qualificada.
Visão:..................Sistêmica.

Geração 4:...........Otimização.
Período:..............1990 até 2010.
Ação:....................Integração entre os segmentos.
Segurança.
Meio Ambiente.
Readequação dos custos.
Visão:..................Competitiva.

Geração 5:...........Excelência Operacional.
Período:..............2010 até a atualidade.
Ação:....................Gestão financeira dos ativos.
Gerenciamento dos Riscos.
Sustentabilidade.
Excelência Operacional.
Visão:..................Sustentável.

Com base no crescimento e na maturidade exercida pela manutenção é que devemos ter a consciência de que nossos profissionais necessitam evoluir.

Para que sejamos bons profissionais, possamos atingir a excelência e pleitearmos o reconhecimento pelo nosso valor, o conhecimento e a evolução juntamente com o acompanhamento tecnológico tanto dos ativos quanto das estratégias e técnicas desenvolvidas se tornou inevitável.

Capítulo 6

Conceitos

No Brasil ainda se pratica manutenção de forma individual e aleatória de acordo com o bel prazer de quem está gerenciando cada organização de forma independente.

Inúmeras organizações definem seus próprios conceitos para gerenciar sua manutenção, definições estas que são adotadas para melhor se adaptar e ou justificar seus resultados e ou suas falhas.

Entretanto, existe uma norma técnica vigente que define ou pelo menos nos orienta sobre os conceitos mínimos exigidos para que possamos cumprir e desenvolver nossas estratégias dentro do universo da manutenção.

Esta norma é a NBR 5462.

Você sabe o que os profissionais da manutenção imaginam quando se ouve falar o Termo NORMA?

A imagem acima é a primeira coisa que vem na mente do profissional da manutenção. Já se imagina um bicho de várias cabeças, pois são tantas as normas que regem o segmento industrial e agora mais uma pra nos obrigar a seguir parâmetros e padrões.

A norma de manutenção NBR 5462, não nos obriga a nada. Ela apenas nos direciona para qual melhor caminho a ser seguido.

Uma forma de entender que a norma NBR 5462 é apenas orientativa, é o fato de que como foi comentado anteriormente, a manutenção é o segmento mundial que mais muda, que mais evolui. Este fato também se dá devido à flexibilidade da norma de nos deixar criar, testar, implantar e utilizar quaisquer técnicas e estratégias que julgarmos necessárias.

Por isso, a Norma NBR 5462 é totalmente orientativa e nos dá os requisitos mínimos para que possamos iniciar nossa trajetória dentro deste fantástico e misterioso universo que é a manutenção.

Alguns conceitos mínimos orientados pela norma NBR 5462:

O que é uma Empresa?

Muito se diz e pouco se explica. Já ouvimos diversas definições a respeito. Fala-se em sustentabilidade, em ação social, em proteção ambiental, em diversos outros tipos de descrição. Mas é a mais pura mentira.

Uma Empresa é uma organização econômica, civil ou comercial, constituída para explorar um ramo de negócio e oferecer ao mercado bens e/ou serviços com o intuito de obter lucro.

O único objetivo de uma empresa é obter lucro. Todas as outras atribuições e desenvolvimentos que ela realiza, ou são exigências legais ou uma forma de marketing.

O que é uma Falha?

Existe uma infinidade de definições para o termo falha, onde os gestores da manutenção de diversas organizações definem o termo que melhor lhe convém para justificar sua estratégia e ou para diminuir o impacto de seus indicadores de desempenho.

A melhor forma encontrada para definir uma falha conforme as diretrizes da norma, foi a figura ao lado:

Vamos entender melhor a imagem:

Um carro de fórmula 1 é projetado e desenvolvido para correr. No exato instante em que seu motor explode, e pega fogo, a única coisa que este carro não consegue mais fazer é correr.

Sendo assim:

Uma Falha é o término da capacidade de um item de desempenhar a função requerida.

A partir do momento em que o ativo não mais consegue desenvolver sua função especificada, ele falhou.

Esta é a pior condição para a manutenção. Todos os esforços da manutenção devem ser direcionados para que a falha não aconteça. Uma vez que a falha aconteceu, a manutenção já errou. Suas técnicas e estratégias não surtiram efeitos.

O principal objetivo e foco da manutenção é não deixar falhar.

O que é um Defeito?

A maioria dos profissionais da manutenção ainda confundem os termos defeito e falha. São duas anormalidades completamente diferentes e merecem tratativas distintas.

Defeito é tudo aquilo que nós profissionais da manutenção devemos procurar e tentar detectar durante o nosso dia a dia de trabalho.

Defeito é a imperfeição que não impede o funcionamento de um item, todavia, pode a curto, médio ou longo prazo, acarretar a sua falha.

Ao contrário da falha, o defeito não impede o funcionamento do ativo, por isso, antes de toda falha sempre tem indícios de alguma coisa, ou seja, um defeito. Sendo assim, sempre que detectarmos um defeito e o eliminarmos automaticamente, estaremos evitando uma falha.

Sempre que o profissional da manutenção focar no defeito e corrigir, seus ativos sempre estarão disponíveis para produção.

O que é Disponibilidade?

Muito se houve falar nesta misteriosa palavra dentro das organizações industriais.

A disponibilidade atrelada com a qualidade são os principais meios que a organização encontra para garantir o cumprimento do seu volume de produção. É através dela que o setor operacional consegue fechar seus programas produtivos e medir a eficiência da equipe de manutenção.

Sendo assim, a disponibilidade é um dos indicadores-chaves que a manutenção deve controlar, pois é através dela que a maior parte do seu desempenho é medido.

Vamos entender o termo Disponibilidade.
Vejamos a imagem a seguir:

O que vemos nada mais é do que um filho exigindo que sua mãe esteja livre para atender a todas as suas necessidades, independente de quaisquer condições adversas.

Assim é na indústria. A operação necessita que o ativo esteja liberado para operar e produzir sempre que ela necessitar. Neste caso:

Disponibilidade é a medida do grau em que um item estará em estado operável no início da missão, quando a missão for exigida aleatoriamente no tempo.

Em alguns casos já foi externada a seguinte forma de entendimento:

Disponibilidade então seria o meu carro na garagem, parado esperando que eu o utilize?

Na verdade, não é tão simples assim. Para que seu carro se enquadre dentro da disponibilidade industrial, seria seu carro na garagem, com os pneus bons, o tanque cheio e a bateria com carga.

De nada adianta o ativo estar liberado se o mesmo não se encontra em estado operável, ou seja, o mesmo não tem como desempenhar suas funções requeridas.

Portanto, para que possamos garantir a disponibilidade de um ativo, precisamos direcionar todos os nossos esforços em busca dos defeitos aos quais os ativos possam estar sendo submetidos, para que possamos corrigir e eliminá-los, evitando que ocorra uma falha.

O que é Confiabilidade?

De nada adianta o ativo estar disponível se o mesmo não está confiável. A disponibilidade deve ser medida juntamente com a sua confiabilidade.

A confiabilidade é um termo difícil de se entender e também difícil de se calcular

O que devemos ter em mente é que não existe confiabilidade eterna, ela nunca dura para sempre, ou seja, toda confiabilidade possui um prazo de validade já determinado, e necessita ser renovada sempre que sua vida útil estiver por findar.

As imagens a seguir nos darão uma ideia direta sobre a confiabilidade.

O que vemos nesta imagem, nada mais é do que um pai jogando um filho para cima, uma brincadeira familiar existente em nosso cotidiano.

Durante esta brincadeira o filho sempre sorri, mesmo exposto ao risco de cair. Porém, ele sorri porque ele confia que o pai irá segurá-lo quando estiver descendo, ou seja, a confiabilidade existe porque o filho confia que quando estiver descendo o pai irá segurá-lo. O instante da descida é o momento crucial da confiabilidade da brincadeira familiar.

Vejamos a próxima imagem que nos dará uma visão mais abrangente sobre confiabilidade.

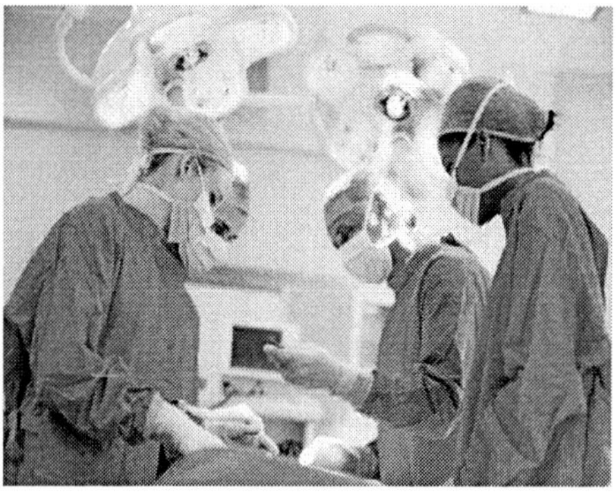

Para ilustrar a confiabilidade, vamos imaginar a seguinte condição:

Você foi diagnosticado com um problema de saúde e será necessário realizar uma intervenção cirúrgica. Você realiza todos os seus exames pré-operatórios e escolhe fielmente o médico que irá realizar a cirurgia.

Durante sua última consulta, antes da cirurgia, o médico lhe passa todos os procedimentos que serão executados. Porém, ele menciona o seguinte:

Você irá receber uma anestesia geral, a intervenção cirúrgica irá ser realizada, mas o médico não tem a menor ideia de quando você irá acordar da anestesia geral. Pode ser em uma semana ou em um ano.

De posse desta informação, você aceitaria ser submetido à intervenção cirúrgica?

Possivelmente não.

Entretanto, se durante a sua última consulta, antes da cirurgia, o médico lhe disser que você receberá a anestesia geral, será realizado o procedimento cirúrgico que irá durar aproximadamente 2 horas e 4 horas depois você irá acordar e será levado para o seu quarto para seguir com sua recuperação normalmente.

De posse desta informação, você aceitaria ser submetido à intervenção cirúrgica?

Possivelmente sim.

Sendo assim, Confiabilidade é a capacidade de um item desempenhar uma função especificada, sob condições e intervalos predeterminados.

Toda confiabilidade tem vida útil, ou seja, toda confiabilidade tem um tempo determinado para que a confiança seja garantida. Findado este tempo, se perde totalmente a confiabilidade.

Por isso a confiabilidade disponibilizada pela manutenção para qualquer ativo da cadeia produtiva industrial, se limita aos períodos dos intervalos entre as revisões preventivas.

Excluídas, adiadas e ou canceladas as preventivas, o ativo imediatamente perde sua confiabilidade estando expostos às falhas e podendo não estar disponíveis.

O que é Mantenabilidade ou Manutenibilidade?

Duas palavras tecnicamente desconhecidas dentro do universo da manutenção, pois a maioria dos profissionais da manutenção não tem a menor ideia do que seriam estas palavras.

Toda equipe e todo gerenciamento da manutenção necessitam fazer uso destes termos para otimizar suas atividades de execução.

Para expressar o verdadeiro significado de mantenabilidade ou manutenibilidade, buscamos um desastre ocorrido no Brasil em 2014, externado pela imagem a seguir:

O que podemos observar na imagem, além de nossa decepção total, para a equipe de vermelho e preto, neste dia houve uma facilidade muito grande para atingir o placar elástico ao final da partida.

Facilidade, esta é a palavra que traduz e nos mostra o que realmente significa mantenabilidade ou manutenibilidade.

Mantenabilidade ou Manutenibilidade é a facilidade de um item em ser mantido ou recolocado no estado no qual pode executar suas funções requeridas, sob condições de uso especificadas, quando a manutenção é executada sob condições determinadas e mediante os procedimentos e meios prescritos.

Um exemplo prático seria o seguinte:

Existe um vazamento em um flange de uma válvula que necessita ser eliminado. Para retirar o vazamento basta reapertar os quatro parafusos do flange que se encontravam frouxos. Seria uma atividade de aproximadamente 5 minutos de execução para ser resolvido o problema.

Porém, esta válvula está alocada em uma tubulação a 6000 milímetros de altura e sem uma passarela de acesso.

Neste caso, para eliminar o vazamento será necessário a instalação de um andaime que levará em média mais de uma hora para ser instalado, todas as liberações para acesso por se tratar de trabalho em altura, o uso do cinto de segurança e demais recursos.

A simples atividade de reapertar os parafusos do flange que teria uma duração de 5 minutos vai levar em média 2 horas para ser executada.

Uma das funções da engenharia da Manutenção é aplicar a mantenabilidade nos ativos criando recursos que facilite a execução das atividades, reduzindo seus tempos de espera e garantindo uma homogeneidade durante a realização das atividades.

O que é Manutenção?

Manutenção é: Execução das atividades.

Manutenção é: Medição de valores.

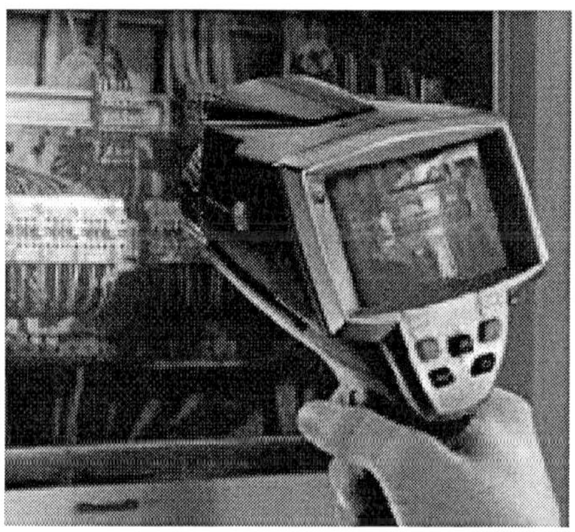

Manutenção é: Medição e comparação de parâmetros.

Manutenção é: Planejamento Estratégico das Atividades.

Manutenção é: Qualquer coisa que possa ser feita para manter o ativo em condições operáveis.

Manutenção é o conjunto das ações destinadas a manter ou recolocar um item num estado no qual pode exercer sua função requerida.

Desta forma podemos concluir que a manutenção também possui uma missão básica:

Preservar as funções de nossos ativos físicos através de suas vidas tecnicamente úteis, pela seleção e aplicação de técnicas que permitam uma melhor relação custo x benefício.

O termo custo x benefício, volta a nos lembrar dos custos, os quais necessitam ser readequados sempre, pois fazer manutenção gastando muito dinheiro, qualquer pessooa faz. O desafio é fazer manutenção, garantir a disponibilidade com confiabilidade e com o menor custo possível.

Mas, lembre-se, readequar custos não é deixar de gastar, e sim gastar de forma correta.

Capítulo 7

Políticas de Manutenção

Ao longo das gerações foram inseridas na manutenção algumas políticas que auxiliaram no desenvolvimento de toda a estratégia e gerenciamento das atividades.

Tais políticas necessitam ser muito bem entendidas para que possam ser aplicadas e possam trazer um resultado positivo para a manutenção. A aplicação indevida da política de forma errônea pode trazer resultados adversos como a inserção de defeitos e ou o alto custo da manutenção no final de seu ciclo.

Segue abaixo a relação de todas as políticas adotadas e aplicadas pelas grandes organizações a um nível de manutenção classe mundial:

Política 1: Manutenção Corretiva.
Política 2: Manutenção Preventiva.
Política 3: Manutenção Preditiva.
Política 4: Manutenção Detectiva.
Política 5: Engenharia da Manutenção.

Vamos conhecer as principais características, as principais políticas aplicadas e seus benefícios.

1. Manutenção Corretiva:

É a Manutenção que também é conhecida pelas siglas FBM, Manutenção Baseada na Falha.

É a intervenção realizada a partir de uma falha. Ou seja, quebrou. Nesta hora a manutenção precisa corrigir a falha e reestabelecer o ciclo funcional do ativo.

A manutenção corretiva é caracterizada pele erro de toda a estratégia adotada pelo gerenciamento da manutenção. Uma vez detectada a necessidade de uma intervenção por falha (parada de máquina, o ativo não consegue mais desempenhar suas funções requeridas), automaticamente já se caracteriza um déficit nos indicadores de disponibilidade e custos do gerenciamento da manutenção.

Toda manutenção corretiva gera um custo para a organização, quer seja material, peças sobressalentes ou perda de produção por tempo de máquina parada.

A manutenção corretiva pode ser subdividida em duas condições práticas e realistas:

Corretiva Paliativa:

É a correção da FALHA para recolocar de forma PROVISÓRIA a capacidade do item exercer a sua função requerida.

Corretiva Definitiva:

É a correção da FALHA para recolocar de forma DEFINITIVA a capacidade do item exercer a sua função requerida.

Esta é a política de manutenção que mais gera prejuízo para a organização e acaba com qualquer projeção do gerenciamento de cumprir com suas metas estabelecidas.

2. Manutenção Preventiva

É a Manutenção que também é conhecida pelas siglas TBM, Manutenção Baseada no Tempo.

É a intervenção realizada de forma a reduzir ou evitar a falha, ou a queda do desempenho do sistema, obedecendo a um plano de atividades previamente estudado e elaborado, baseado em intervalos de tempo.

O seu principal objetivo é evitar a ocorrência de falhas, ou seja, prevenir que o ativo venha a falhar, detectar as irregularidades e corrigi-las antes que a falha apareça.

Um exemplo típico de manutenção preventiva, são as aeronaves. Os aviões sofrem manutenções preventivas a cada ciclo de trabalho, ou seja, horas de voo. É necessário para que se possa detectar quaisquer defeitos e evitar a queda de um avião com seus passageiros.

Para que seja possível implantar a política de manutenção preventiva, e obtenhamos os resultados desejados, precisamos seguir alguns padrões que classificam os ativos dentro da necessidade de se aplicar tal política:

Quando devemos ou podemos aplicar Manutenção Preventiva?

a)- Quando não é possível aplicar a MANUTENÇÃO PREDITIVA.

Quando não temos parâmetros para avaliar se o ativo se encontra em condições normais de operação.

b)- Quando se trata de uma atividade NORMATIVA.

Quando a atividade é controlada por uma norma legal e vigente no país, a qual nos obriga a realizar tal intervenção dentro do respectivo intervalo de tempo determinado pela legislação.

c)- Quando se trata de uma atividade de SEGURANÇA.

Quando é um ativo que sua falha coloca os profissionais que trabalham por perto em um risco eminente de acidentes, quer sejam acidentes simples ou potencialmente graves.

d)- Quando se trata de uma atividade AMBIENTAL.

Quando é um ativo que sua falha pode colocar em risco a integridade do meio ambiente ao qual o mesmo se encontra instalado, independente do meio de contaminação.

e)- Quando o sistema é COMPLEXO.

Quando a equipe de manutenção não domina totalmente o ativo, ou seja, não tem o conhecimento total de suas aplicações e não se pode precisar quando o mesmo pode falhar.

f)- Quando o sistema é CRÍTICO.

Quando o ativo é extremamente necessário para o sistema, seu grau de importância é extremo e uma falha pode gerar prejuízos significativos para a organização.

g)- Quando é conhecida a vida útil do ATIVO.

Quando sabemos quanto tempo os componentes do ativo podem trabalhar sem gerar nenhuma falha. Se já sabemos sua vida útil, podemos planejar sua substituição sem maiores surpresas.

A Política Preventiva pode trazer muitas vantagens para o gerenciamento da manutenção, vantagens tanto através dos indicadores de disponibilidade como em relação ao crescimento e conhecimento da equipe.

Algumas Vantagens da Política Preventiva:

a)- Proporciona um conhecimento amplo dos ativos.

Sempre que os técnicos e profissionais da manutenção realizam uma intervenção no ativo, seus conhecimentos sobre aqueles componentes aumentam, pois conseguem entender melhor como o ativo funciona e qual seu nível de desgaste aceitável.

b)- Reduz o número de falhas.

Se periodicamente realizamos a intervenção no ativo, obviamente conseguimos detectar quaisquer condições adversas que o ativo possa estar sendo exposto.

c)- Garante uma previsibilidade do consumo de materiais.

Como sabemos qual a frequência que iremos intervir no ativo, podemos prever com antecedência a aquisição dos elementos de máquinas sobressalentes para que suas substituições ocorram dentro dos períodos planejados.

d)- Planejamento fácil de ser Gerenciado.

Assim como o item anterior, a facilidade de planejamento é imensa, pois seus períodos de intervenção já se encontram estabelecidos e definidos de acordo com seu ciclo produtivo e vida útil dos componentes.

Conhecidas as vantagens da Política Preventiva, também é necessário que se conheça as desvantagens para que seja possível gerenciar a manutenção de forma coerente e consciente.

Algumas Desvantagens da Política Preventiva:

a)- Manutenção com custo muito ALTO.

Esta prática gera um custo de mão de obra e materiais muito alto, além de manter o ciclo produtivo parado com frequência e por um tempo significativo. Sendo assim, os custos gerados são significativos para a organização, e nem sempre se tornam viáveis, por isso os critérios de aplicação da Política Preventiva devem ser bem avaliados antes de se definirem aplicá-la. Lembre-se sempre da relação custo x benefício.

b)- Abertura desnecessária do ATIVO.

Por mais que o período de intervenção esteja chegando, nem sempre é necessário realizar a intervenção. Mas como já está no planejamento, acabamos realizando a intervenção desnecessária no ativo, pois pode ser que o mesmo não tenha apresentado nenhum indício de defeitos.

c)- Introdução de defeitos pela ação HUMANA.

O que mais gera defeitos nos ativos são as mãos humanas. Realizando a abertura desnecessária do ativo, certamente iremos mexer onde não precisa e é muito comum inserirmos defeitos. Em todas as organizações é muito comum o ativo parar para preventiva e em seu retorno o mesmo está pior do que quando parou. Neste momento podemos ter certeza de que nossa intervenção inseriu algum defeito que ainda não sabemos o que é.

d)- Contaminações ao expor o ATIVO.

A abertura desnecessária pode não gerar defeitos pelas mãos humanas, mas pode deixar o ativo aberto e exposto a algum tipo de contaminação, quer seja sólida, úmida e ou por gases.

3. Manutenção Preditiva:

É a Manutenção que também é conhecida pelas siglas CBM, Manutenção Baseada na Condição.

É a intervenção baseada na modificação dos parâmetros de condição ou desempenho, cujo acompanhamento obedece a uma sistemática.

A manutenção preditiva também pode ser subdividida em duas condições práticas e realistas:

1. Manutenção Preditiva Precisa.
2. Manutenção Preditiva Concisa.

Manutenção Preditiva Precisa:

Estabelece a condição através de parâmetros definidos com valores limites fixados os quais são as referências funcionais dos ativos tais como:

a - Análise de Vibração.
b - Análise Termográfica.
c - Análise de Óleo.
d - MCA e ODS.

Vantagens da Manutenção Preditiva Precisa:

a)- Possibilidade de predizer as condições do ATIVO.

Quando se compara parâmetros, estamos comparando números e valores e neste tipo de atividade podemos comparar os valores originais com os valores atuais e assim definir a condição operacional do ativo. Com mais medições podemos criar um gráfico de tendência e poder predizer quando o ativo poderá entrar em processo de falha. Desta forma o planejamento consegue saber o status operacional do ativo sem a necessidade de abertura do mesmo.

b)- Evita a intervenção desnecessária no ATIVO.

Já que temos como saber a condição operacional do ativo comparando seus parâmetros, não há nenhuma necessidade de realizar a aparada da máquina e ou a abertura do ativo.

c)- Evita a introdução de defeitos pela ação HUMANA.

Se podemos garantir a continuidade operacional do ativo e não será necessária sua abertura, as mãos do homem não irá ter nenhuma ação sobre o ativo evitando assim a inserção de defeitos.

d)- Evita a contaminação ao expor o ATIVO.

Se o ativo se encontrar lacrado e sem entrada de contaminantes, o mesmo não será exposto a nenhum tipo de contaminação.

e)- Utilização da melhor vida útil do ATIVO.

Quando realizamos a comparação dos parâmetros e analisamos a condição operacional do ativo, sabemos seu comportamento, podemos aumentar seu ciclo de produção sem intervenção utilizando assim toda a capacidade e potência que o ativo pode nos oferecer.

Desvantagens da Manutenção Preditiva Precisa:

a)- Manutenção com custo ALTO.

Assim como na manutenção preventiva, a manutenção preditiva também possui um custo muito elevado. Por mais que a preditiva não necessita interromper o fluxo de produção e gerar paradas, os recursos necessários para sua realização desprendem um investimento muito alto.

b)- Necessidade de equipamentos tecnologicamente MODERNOS.

Para a realização da manutenção preditiva precisa existe a necessidade de equipamentos tecnológicos e de última geração. De nada adianta adquirir um ativo moderno e tentar aplicar nele a política preditiva sem um instrumento que também esteja no mesmo patamar da evolução. Desta forma, o acompanhamento tecnológico de novas tendências de medições é inevitável.

c)- Necessidade de mão de obra extremamente QUALIFICADA.

Pouquíssimos profissionais em nosso país são habilitados e qualificados para desenvolverem a técnica, aplicar as ferramentas corretas e interpretar os espectros e gráficos gerados nas medições dos parâmetros. Nem todo profissional que se habilita para realizar a técnica possui as competências necessárias. O investimento em mão de obra qualificada é imprescindível.

d)- Não pode ser aplicada em todos os ATIVOS.

Nem todos os ativos possuem condições técnicas de se submeterem às práticas e técnicas da manutenção preditiva precisa. Desta forma o leque se fecha e antes da implantação da estratégia e da política, deve-se analisar quais os ativos deverão ser gerenciados.

Manutenção Preditiva Concisa:

Estabelece a condição através do comportamento dos ativos analisados sob as bases sensitivas de um profissional treinado e habilitado tecnicamente para percepção de defeitos ocultos tais como:

a – Check List.
b – Inspeção Sensitiva.

Vantagens da Manutenção Preditiva Concisa:

a)- Manutenção com custo muito BAIXO.

É uma técnica que utiliza apenas os cinco sentidos dos profissionais da manutenção. Neste caso, como os profissionais já se encontram dentro das organizações, o custo com esta política é irrisório.

b)- Aumento do conhecimento técnico sobre o ATIVO.

Quando passamos a monitorar os ativos frequentemente com nossos sentidos, aprendemos a conhecer seu comportamento.

c)- Maior interação entre as FRONTEIRAS.

Para a execução desta prática é imprescindível que haja um relacionamento mútuo entre manutenção e operação, pois ambos estarão acompanhando o dia a dia do ativo.

d)- Acompanhamento frequente das condições operacionais do ATIVO.

Como o custo de aplicação é baixo, o acompanhamento se torna diário e frequente.

e)- Percepção do DEFEITO no ato do surgimento.

Se acompanhamos o ativo diariamente e conhecemos seu comportamento, ao menor sinal de anormalidade o mesmo será percebido de imediato, facilitando assim o planejamento e a tomada de decisão para corrigir o defeito.

f)- Pode ser aplicada em todos os ATIVOS.

Qualquer ativo sem nenhuma restrição pode ser submetido a esta técnica, abrangendo assim toda a cadeia produtiva.

Desvantagens da Manutenção Preditiva Concisa:

a)- Diagnóstico pode ser FALHO.

Como o diagnóstico é definido pelos sentidos dos seres humanos, e nós, seres humanos, possuímos níveis de sensibilidades distintos, os diagnósticos podem ser falhos, pois são baseados nestes sentidos e tudo vai depender da sensibilidade individual de cada um.

b)- Necessidade de mão de obra extremamente COMPROMETIDA.

O profissional que se dispor a realizar a técnica necessita estar comprometido e relatar todo indício de anormalidade. Os defeitos não podem fazer parte do ativo, ao menor sinal de irregularidade, ações devem ser tomadas.

c)- Necessidade de mão de obra extremamente QUALIFICADA.

Os profissionais desta modalidade devem possuir um alto grau de conhecimento sobre elementos de máquinas para que seja possível avaliar e diagnosticar quaisquer irregularidades.

d)- Execução necessita de alto grau de conhecimento do processo e da MANUTENÇÃO.

Não basta apenas os profissionais da manutenção conhecerem os elementos de máquinas. É preciso que conheça o processo produtivo para que seja possível precisar quando um ativo apresenta indícios de defeitos.

Manutenção Detectiva

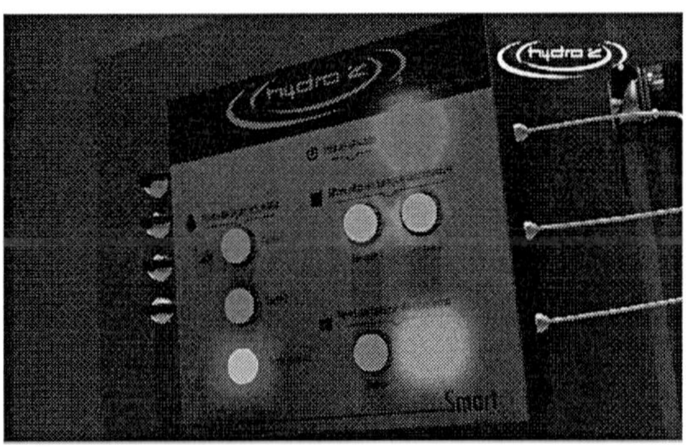

É a Manutenção que também é conhecida pelas siglas OFM, Manutenção de Falhas Ocultas.

É a atuação efetuada em sistemas de proteção, comando e controle.

O Objetivo é detectar Falhas Ocultas ou não perceptíveis ao pessoal da Operação e Manutenção.

- Teste de Lâmpadas em Painéis.
- Teste de SPCI.
- Teste de Barreiras de Segurança.
- Teste de Intertravamentos.

São falhas que não são possíveis detectar. Apenas com testes de funcionamento será possível perceber que a falha está instalada no equipamento.

Engenharia de Manutenção

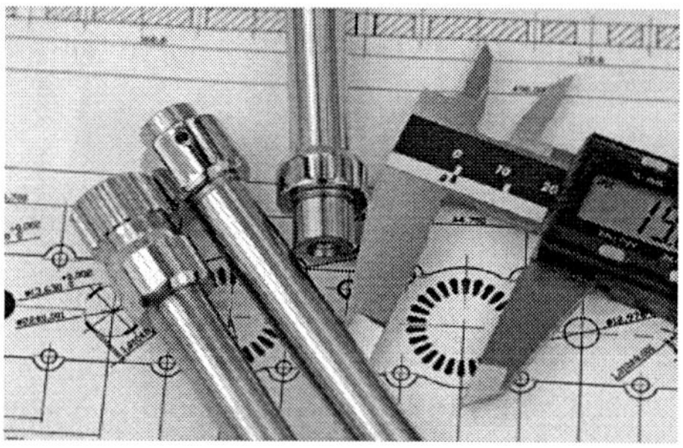

O termo engenharia da manutenção, nada tem a ver com engenharia industrial. É comum os setores organizacionais confundirem esta política.

Desenvolvimento de produtos, materiais, projetos entre outras funções de nada coincidem com a engenharia de manutenção, embora a mesma possa absorver parte destas atividades destinadas para a manutenção industrial.

Engenharia de Manutenção é o suporte técnico da Manutenção dedicado a consolidar a rotina e implantar as ferramentas estratégicas.

A Engenharia da Manutenção incorporada com o planejamento são responsáveis pelos desenvolvimentos e ou estratégias desenvolvidas pela manutenção.

Dentre todas as suas funções, a principal atribuição da engenharia de manutenção é desenvolver recursos tecnológicos para:

- Aumentar a Disponibilidade.
- Aumentar a Confiabilidade.
- Melhorar a Manutenibilidade.
- Melhorar a Segurança.
- Eliminar Problemas Crônicos.
- Solucionar Problemas Tecnológicos.
- Melhorar a Capacitação do Pessoal.
- Gerir Materiais e Sobressalentes.
- Suporte à Execução.
- Realizar Análise de Falhas.
- Elaborar Planos de Manutenção.
- Elaborar Planos de Inspeção.
- Elaborar Planos de Lubrificação.
- Acompanhar os Indicadores.

- Gerir a Documentação Técnica.
- Participar de novos Projetos.

Capítulo 8

PPCM

Esta é uma atividade que ainda não sabemos fazer.

PPCM significa Planejamento, Programação e Controle da Manutenção.

É comum os gestores de manutenção confundirem planejamento com programação, pois são duas funções completamente diferentes e jamais devem ser confundidas.

Planejamento

Planejamento é um processo contínuo e dinâmico que consiste em um conjunto de ações intencionais, integradas, coordenadas e orientadas para tornar realidade um objetivo futuro, de forma a possibilitar a tomada de decisões antecipadamente.

Programação

Programação é a maneira pela qual as informações do planejamento são passadas para as equipes de execução incluindo todos os interessados.

Controle

É o mecanismo pelo qual se verifica as atividades, se estão de acordo com as atividades e seus projetos originais, que foram planejadas e programadas, medindo o resultado e comparando com um valor desejado.

O planejamento ainda é uma atividade a qual não dominamos completamente, ou seja, ainda não sabemos planejar. Não é que a manutenção não sabe planejar. O Planejamento ainda é uma dificuldade cultural.

Culturalmente ainda não temos este dom. Sempre que planejamos alguma atividade, buscamos sempre uma vantagem pessoal, quer seja profissionalmente e até mesmo em nossa vida pessoal.

No nosso dia a dia mesmo planejamos nossa rotina, acordar às 07:00, chegar ao trabalho às 08:00, sair para o almoço às 11:00, passar no banco para resolver problemas com o gerente, retornar do almoço às 13:00, sair do trabalho às 17:00, ir para a academia às 18:00, passar no mercado às 19:00 e chegar em casa às 20:00.

Este é basicamente nosso planejamento. Nada funcional e totalmente fora da realidade.

Durante o nosso planejamento acima, esquecemo-nos de levar em conta os desvios que possam ocorrer em toda essa trajetória que foi programada e não planejada.

Para um perfeito planejamento, as ações devem ser analisadas da seguinte forma:

1. Acordar às 06:30, - o despertador não acionar ainda temos um gap para suprir o período.

1. Chegar ao trabalho às 07:30 – o trânsito pode estar intenso ou pode estar chovendo e precisamos de um suspiro de meia hora para não perdemos o horário.

2. Sair para o almoço às 11:00 – ir ao banco e verificar o andamento da fila, se estiver muito grande e o atendimento lento, deixar agendado com o gerente para uma reunião pontual no dia seguinte.

3. Retornar para o trabalho às 12:00 – o horário de almoço sempre sufoca o trânsito e o deixa lento, além do que, algum incidente pode ocorrer ou no trânsito ou com o veículo.

4. Sair do trabalho às 17:00 – verificar se todas as atividades planejadas para hoje foram executadas. Caso tenha necessidade de fazer horas extras comunicar a sua ausência na academia.

5. Ir para a academia às 18:00 – avisar caso haja atrasos e verificar se sua roupa de ginástica está no carro.

6. Passar no mercado às 19:00 – ligar em casa e perguntar o que precisa levar para aproveitar sua passagem no mercado, para não precisar retornar quando chegar.

Este seria basicamente um planejamento normal, o qual levanta a possibilidade de alguns desvios e já cria tratativas para corrigi-los.

Quando falamos que o planejamento é um problema cultural no Brasil, levamos em consideração todos os planejamentos realizados pelos setores de inteligência principalmente de nosso governo.

Nenhum planejamento de nenhuma obra em nosso país consegue ser cumprido. Sediamos uma copa do mundo onde tivemos oito anos para realizar as obras e passados 3 anos da realização do evento, a maioria das obras ainda não foi finalizada.

Sediamos uma olimpíada onde foi investido uma verba absurda para instalações competitivas e hoje, a maioria se encontra abandonada e em estado de calamidade pública.

Nosso planejamento atende apenas as nossas necessidades e nunca a necessidade do projeto em si. E para piorar ainda mais e justificar nossa incompetência em planejamentos, temos todos os recursos necessários para realizar um excelente planejamento, porém nunca conseguimos definir e cumprir prazos, valores, recursos, efetivos, cronogramas.

Todo planejamento que realizamos já vem com suas respectivas justificativas anexadas, ou seja, sabemos que não irá funcionar e desprendemos energia em encontrar justificativas e não em fazer correto.

Capítulo 9

Ferramentas Estratégicas

São desenvolvimentos técnicos que inseridos na manutenção auxiliam a cumprir sua missão, buscando atingir sua visão.

Todos estes desenvolvimentos foram criados ao longo de todo o processo de evolução da manutenção em cada geração de acordo com a necessidade do momento de gerenciar uma determinada condição.

Toda ferramenta somente é inserida no segmento industrial universal após a comprovação de sua eficácia. Isso acontece através de estudos, acompanhamentos e apresentação de resultados satisfatórios ao universo industrial.

Existe hoje no cenário industrial uma infinidade de ferramentas estratégicas que favorecem o desenvolvimento e o controle de todo o ciclo da cadeia produtiva.

Abaixo, uma pequena relação de algumas ferramentas estratégicas implantadas em alguns segmentos industriais, os quais absorveram ótimos resultados após sua inserção:

- ***RCM.***
- ***TPM.***
- ***Análise de Falha.***
- ***PDCA.***
- ***Benchmarking.***
- ***5 S.***
- ***Indicadores.***
- ***FMEA.***
- ***Six Sigma.***
- ***DTO.***
- ***BSC.***

Todas estas ferramentas juntamente com inúmeras outras, quando bem aplicadas, trazem um ótimo retorno para a organização. O maior problema é saber aplicar a ferramenta.

A maioria das organizações insere a ferramenta no meio produtivo, sem nenhuma preparação prévia e se frustram com a decadência de sua aplicação, gerando assim uma mortalidade repentina da ferramenta, e auxiliando na criação de um enorme cemitério de ferramentas estratégicas sem nenhuma utilidade para a cadeia produtiva.

Capítulo 10

O que Precisamos Entender e Saber sobre Manutenção

Como a manutenção é um segmento que nos dá liberdade de criar, desenvolver, implantar, aprimorar e evoluir, muitos gestores tentam desvirtuar os conceitos para justificarem seus resultados.

Esta é uma prática comum neste universo, porém, nos leva a resultados equivocados, simplesmente porque os conceitos foram distorcidos.

Nestes casos, precisamos ter consciência de algumas condições que a manutenção nos impõe, então algumas situações nós precisamos entender e compreender sobre a manutenção, tais como:

a. Manutenção custa muito dinheiro. É impossível realizar manutenção sem recursos financeiros e investimentos.

b. Nunca tente eliminar todas as falhas dos ativos e sistemas. Isso é impossível, temos que focar em manter suas funções ativas.

c. Quem entende de saúde somos nós. Os médicos entendem de doenças. Então quem entende de manutenção é a manutenção, os operadores entendem de processos. A manutenção não deve seguir o que a operação quer, e sim o que o ativo ou o sistema necessita tecnicamente.

d. A execução de atividades preventivas e preditivas, jamais irá aumentar a confiabilidade do ativo. Essas atividades apenas mantêm a confiabilidade de projeto.

e. A manutenção deve dar ênfase em analisar a causa raiz das falhas e não somente em reparar o acontecido. Enquanto não detectarmos a causa raiz e a tratarmos, o problema poderá retornar cada vez com uma gravidade maior.

f. Na maioria das vezes, o mais barato custa caro. Procure avaliar o custo benefício e não somente o preço baixo de produtos e serviços.

g. Se o ativo operar fora das condições para qual foi projetado, a manutenção nada poderá fazer para garantir a sua confiabilidade. Velocidade, carga, temperatura e demais condições de projeto dos ativos devem ser respeitadas, ou as falhas irão ocorrer mesmo sob qualquer gestão específica.

h. Se os ativos são iguais, mas possuem funções diferentes ou estejam instalados em locais diferentes, suas estratégias de manutenção devem ser diferentes.

i. Na manutenção não se pode achar, temos que ter certeza de nossos diagnósticos e decisões técnicas.

j. As mudanças fazem parte do dia a dia da manutenção. Sempre que for preciso devemos mudar, seja de estratégia, de técnica, de postura ou de quaisquer outras necessidades.

k. Para que um ativo ou sistema seja confiável, devemos evitar ao máximo a intervenção humana, pois como sabemos, a mão do homem é uma fonte inesgotável de inserção de defeitos.

l. Antes de reduzir custos, é preciso manter altos índices de disponibilidade. O termo redução de custo é uma utopia. Na manutenção não se reduz custos. Podemos readequar os custos, ou seja, gastar melhor os nossos recursos.

m. Os problemas crônicos devem ser eliminados. Não podemos deixar que a convivência com os problemas os tornem parte do ativo.

n. Para melhorar o desempenho, é preciso resolver os mesmos problemas cada vez melhor. Para ser competitivo, é preciso resolvê-los melhor do que a concorrência.

o. Não mais devemos pagar aos nossos fornecedores pelos serviços prestados. E sim, pelas soluções aplicadas.

p. Eliminar toda ação reativa que possa surgir dentro da equipe, manter a equipe focada nas diretrizes da organização.

q. Nivelar o conhecimento da equipe homogeneizando as funções a serem desenvolvidas.

r. Procedimentar todas as atividades críticas ou de relevância superior para que a equipe as possa executar com o mesmo nível técnico de informações.

s. O maior desafio da manutenção está em quebrar os paradigmas existentes e criados ao longo do tempo.

Capítulo 11

Objetivos básicos da Manutenção

Como é possível observar, são inúmeras as atribuições da manutenção, o que vem crescendo a cada dia desde sua idealização, e consequentemente não irá parar por aí.

Ao longo de nossos dias iremos ainda presenciar um volume significativo de tarefas que serão incluídas e agregadas para a manutenção, interagindo cada vez mais com outros segmentos.

Sendo assim, de posse dos relatos mencionados, para ilustrarmos e melhorarmos nosso entendimento, podemos citar alguns objetivos básicos da manutenção.

A manutenção deve:

a. Garantir que os ativos e sistemas mantenham suas funções requeridas de projeto.

b. Sempre que houver uma falha, deve-se restaurar sua confiabilidade de projeto.

c. Desenvolver técnicas e estratégias para aumentar a disponibilidade dos ativos e sistemas.

d. Otimizar todos os recursos possíveis para garantir o ciclo de vida do ativo e sistemas.

e. Buscar detectar os defeitos dos ativos e sistemas e não as falhas.

f. Realizar apenas as intervenções que são realmente necessárias para os ativos ou sistemas.

g. Atuar conforme a causa raiz da falha e não apenas consertar.

h. Documentar todas as ações desenvolvidas e executadas.

i. Medir e divulgar seus resultados obtidos após cada ciclo produtivo.

j. Treinar, capacitar e aprimorar sua equipe.

k. Gerar condições de mantenabilidade dos ativos e sistemas.

l. Executar com qualidade suas atividades planejadas.

m. Executar suas atividades com toda a segurança possível.

n. Executar suas atividades com o menor impacto ambiental possível.

o. Desenvolver estratégias e recursos para aumentar a confiabilidade dos ativos e sistemas.

No universo da manutenção, devemos buscar o aumento da confiabilidade única e exclusivamente para que possamos atingir a excelência.

Capítulo 12

Excelência Operacional

Ser excelente operacionalmente é executar com disciplina, de acordo com as regras e os padrões, para alcançar os resultados esperados, buscando as oportunidades de melhoria. Assim, é possível fazer a coisa certa, no tempo certo, da maneira mais eficiente.

O que devemos retratar na Excelência Operacional são as competências. Pois são elas que governam os recursos e os tornam produtivos e rentáveis.

Recursos são importantes, mas não possuem o dom da atividade própria ou da inteligência. São inertes, estáticos e sem vida própria. Hoje, os recursos constituem a plataforma ou base sobre a qual agem as competências.

São as competências individuais de cada profissional, agregadas ao trabalho em equipe que lhes dão aplicabilidade, adequação, destinação e alcance de retornos desejáveis.

Ser excelente significa ser melhor, ser diferente, ser inovador. Como já dizia Albert Einsten:

“O cúmulo da burrice é fazer a mesma coisa todos os dias, e esperar que se alcance resultados diferentes.”

Para se atingir um nível satisfatório de excelência operacional, ambas as partes da organização, empresa e empregados, devem estar comprometidas, e devem cumprir com suas orientações.

Quando a empresa valoriza e os profissionais não se comprometem, não há o que se possa fazer, a não ser, aplicar sansões administrativas, para corrigir pontualmente os problemas e até mesmo substituir parte da equipe.

Quando os profissionais estão comprometidos com o negócio e a empresa não valoriza, a tendência é que haja uma desmotivação conjunta da equipe e em um curto espaço de tempo o comprometimento irá se deteriorando e a credibilidade da organização diminuindo, consequentemente sua qualidade e compromisso desaparecem.

Ser Excelente Operacionalmente na Manutenção significa:

- Reduzir o tempo de espera. Ou seja, a ociosidade dos ativos, quer seja por falta de planejamento ou por falha de manutenção.
- Eliminar o desperdício.
- Zelar pelos recursos, tais como ferramentas e materiais.
- Cumprir o Planejamento definido.
- Cumprir os padrões estabelecidos.
- Apontar oportunidades de mehorias.
- Executar qualquer atividade com qualidade.
- Estar comprometido com o negócio.
- Reconhecer o comprometimento da equipe.
- Valorizar de forma visual os destaques.

Não devemos mais enxergar as empresas em um nível de média aritmética como simples geradoras de produtos ou serviços. Também não devemos tratar os profissionais como recursos humanos de maneira uniforme e padronizada como se fossem meras commodities e introduzir variabilidade e diversidade para privilegiar suas diferenças individuais.

Foi-se o tempo em que as empresas eram consideradas conjuntos integrados de recursos, seus principais ativos contábeis, no sentido de alcançar objetivos organizacionais.

As empresas devem ser consideradas entidades sustentáveis, ou ao menos devem buscar esta proporção dentro do cenário onde atuam.

Temos exemplos no nosso país de empresas que alcançaram patamares espetaculares e atingiram padrões mundiais de excelência operacional, tanto que foram tão intensas no desenvolvimento da qualidade aplicada que nos fizeram esquecer o nome do produto e lembrássemos apenas do nome do fabricante.

Estas organizações exalam qualidade e confiabilidade e se tornaram referências para os consumidores.

Algumas empresas excelentes operacionalmente e com alto patamar de confiabilidade junto a seus consumidores, que excluíram o nome do produto e se mantêm no mercado há vários anos:

1. O que lembramos quando queremos uma Esponja de Aço?

2. Quando queremos uma Lâmina de Barbear, o que pedimos?

3. As mulheres raramente sabem o que seria um Depurador de Ar. Mas, conhecem bem um Suggar.

4. Procurar em um supermercado por um Desinfetante Sanitário, isso nunca fizemos. Mas vamos direto buscar um:

5. Nem os farmacêuticos são capazes de saber o que seria uma Haste Flexível Higiênica. Mas, conhecem bem um Cotonete.

6. Curativos Adesivos. Será que isso existe?

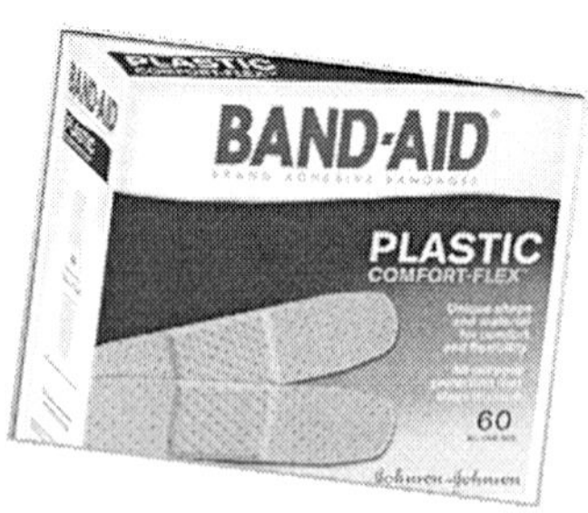

7. O Amido de Milho desapareceu do nosso convívio, pois a marca superou o produto e inseriu seu nome no mercado.

8. A Nissin pulverizou o nome macarrão instantâneo. Só conhecemos o Miojo.

9. A Chiclets mortalizou o nome de sua marca na Goma de Mascar. Independente da marca, sempre pedimos um chiclete.

Como podemos perceber, ser excelente operacionalmente é alcançarmos patamares elevados, superiores aos nossos concorrentes.

Ser excelente é ser melhor, é fazer a diferença, e estar comprometido com o negócio, é ser reconhecido pelo comprometimento, é querer fazer diferente para alcançar resultados diferentes.

Ser excelente é ser lembrado, é ser referência para os concorrentes, é ser reconhecido pelo trabalho e pela qualidade, é estar em evidência, é não ter medo de evoluir.

Capítulo 13

Gerenciamento das Atividades

O gerenciamento da manutenção não é tão simples, mas também não é nenhum bicho de sete cabeças.

Existem diversas formas diferentes de se gerenciar a manutenção e obter sucesso em suas atribuições.

Existem grandes verdades sobre o desenvolvimento das atividades no universo da manutenção que precisam ser analisadas e seguidas, para que se possa atingir um alto nível de maturidade da manutenção e de comprometimento com o negócio.

Verdades do Universo da Manutenção:

1. Não estabeleça prazos audaciosos demais.

Prazo é prazo.

2. Nem todo projeto desenvolvido e realizado pela manutenção será um sucesso.

Só erra quem faz.

3. A estrutura hierárquica da organização jamais irá te ajudar no desenvolvimento de suas atividades.

A burocracia e a necessidade de aprovações irão te atrasar.

4. Fique atento a tudo o que está acontecendo com seus ativos.

Faça gestão financeira do ativo. Pode ser que o mesmo esteja em fim de vida.

5. Escolha atributos significativos para sua equipe e seu gerenciamento.

Seja diferente, procure apresentar um algo a mais e não seja igual a todo mundo.

6. O que serve para um ativo, pode não servir para o outro.

Trate cada ativo com sua devida importância e particularidade, não tente copiar.

7. Entenda que nada pode parar a evolução.

Devemos nos adaptar às evoluções tecnológicas, os resultados trazidos por elas são tão interessantes para a organização que jamais irão regredir no tempo.

8. Busque soluções eficientes para seus problemas.

Tente ser prático e objetivo, às vezes a solução para o problema pode ser muito simples, mas, inicialmente, sempre pensamos na pior condição possível.

9. Seja inovador, aproveite toda a oportunidade que puder.

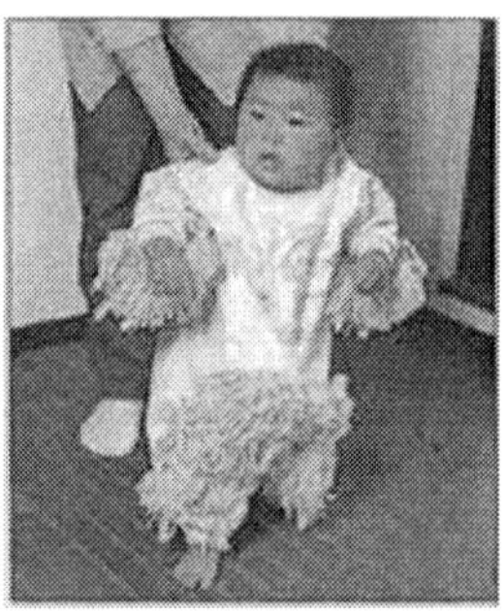

Não deixe que as oportunidades passem despercebidas, aproveite-as e seja criativo.

10. Escolha a ferramenta certa para cada atividade ou projeto que for desenvolver.

Com a ferramenta certa, seus resultados irão aparecer com uma facilidade muito maior.

11. Lembre-se, soluções técnicas nem sempre podem solucionar o nosso problema.

Ouça sua equipe. E se possível ouça alguém de fora. Às vezes uma palavra simples pode nos direcionar para a solução de nossos problemas.

12. Ajuda on line pode ser extremamente útil.

Enfermeira, acesse a internet, vá até www.cirurgia.com e clique no ícone "O que fazer quando você está totalmente perdido".

A Internet possui um mundo infinito de informações que podem ser exploradas.

13. Mais cuidado! Não acredite em tudo que você lê na IInternet.

O bom da Internet é que ninguém sabe que você é um cachorro...

Todos os dias, milhares de pessoas inserem o que querem na Internet, e nem tudo vale a pena explorar. Procure saber da veracidade da fonte que está pesquisando.

14. Experiências com simulações podem ajudar.

Pode ser que você nunca tenha feito, mas já leu sobre o assunto ou já viu alguém fazer. Isso ajuda e muito.

15. Nossos planejamentos e nossas realizações, nem sempre saem como esperávamos.

Devemos aprender com nossos erros para melhorar nosso planejamento.

16. A otimização dos recursos deve ser consciente e controlada.

Não adianta exigir demais do ativo se ele não pode nos oferecer o que precisamos.

17. O uso de soluções tecnológicas é inevitável.

Sua equipe precisa evoluir e se adaptar a novas tecnologias.

18. Mas, as dificuldades das pessoas devem ser consideradas.

Nem todos os profissionais terão a mesma habilidade com novos recursos tecnológicos.

19. Não esqueça de treinar sua equipe.

Treinamento não é sinônimo de incapacidade. Mas, sim, de aprimoramento.

20. Acredite em sua equipe e em você mesmo.

Tenha certeza de que tanto você quanto sua equipe são capazes.

21. Nunca abandone seus objetivos, vá até o fim.

Saiba que são competentes e capazes de atingir excelentes resultados.

Análise Critica do Projeto

Trabalho na área de manutenção preditiva há 20 anos, atendendendo diversos clientes como Petrobras, Suzano, Raizen, International Paper e, atualmente, sou Supervisor de Lubrificação e Preditiva da Planta Westrock Tres Barras SC Brasil.

Contamos com a parceria da empresa Optimus Soluções Inteligentes, (Edson Gonçalves), em diversas demandas aqui na fábrica. Ex: (análise de falha de rolamento, desenvolvimento de novos projetos e também estudos de melhorias de aplicações nos equipamentos).

Para o seguimento de manutenção preditiva entendemos como objetivo principal é nos antecipar e encontrar a causa raiz de problemas em máquinas e equipamentos. Ou seja, mesmo antes de se tornarem problemas potenciais, agindo quando ainda somente se encontram sintomas. Isso é possível, graças ao seu modo de aplicação, por meio de monitoramento constante.

Para elaborar um bom plano de manutenção preditiva, temos que primeiramente conhecer os equipamentos que vamos monitorar como também seus componentes.

Munido dessas informações, agora teremos que ter um bom software de análise de vibração que irá nos auxiliar quando realizarmos análises dos equipamentos.

Trabalhamos hoje com inúmeros sistemas de monitoramento: (sistema online, sistema off-line, sensores via Bluetooth, lubrificadores automáticos e um plano de lubrificação bem arrojado.

Tem como objetivo principal:

São comumente avaliados fatores como vibração, termografia, ferrográfia e outras técnicas. Os principais objetivos da manutenção preditiva consistem em determinar antecipadamente a necessidade de serviços de manutenção, eliminar desmontagens desnecessárias para inspeção e aumentar o tempo de disponibilidade dos equipamentos.

Principais vantagens de um programa de manutenção preditiva (PMP)

Fornece o controle das máquinas que apresentam o início de um mau funcionamento

Aumenta o tempo médio entre falhas (MTBF)
Proporciona medir a qualidade das intervenções de manutenção na fábrica.

Este é o efeito que esta obra expressa em meu pensamento, vindo de encontro com todas as reais diretrizes e necessidades do universo da manutenção atualmente em nosso país.

Agradeço a oportunidade e um forte abraço.

Paulo Sergio Pulcinelli
Gestor de Manutenção Industrial
pulcinellip@gmail.com
47-991950017

Nota do Autor

A manutenção surgiu em virtude da necessidade de manter algo em funcionamento. O termo manutenção vem do latim manus tenere, que significa manter o que se tem.

Isso nos dá uma ideia de manter um item em pleno funcionamento, de maneira a atender as expectativas associadas a este item.

É importante ressaltar que as estratégias adotadas nos auxiliam na definição das melhores práticas de manutenção a serem aplicadas para que seja atingido o objetivo final. Isso significa que devemos trabalhar com todas as políticas de manutenção, desde a corretiva, para os ativos menos críticos (rodar até falhar) até as tarefas preditivas mais modernas, formando um Mix Ótimo de Manutenção (OMM), reduzindo custos e maximizando o OEE.

A função primordial do gestor de manutenção frente à Manutenção, sua Equipe e a Organização deve ser a busca em manter os equipamentos em operação, com planos de manutenção em dia, bons resultados demonstrados pelos indicadores, com custos controlados e dentro das expectativas da sua unidade de negócio.

No cenário em que a sustentabilidade e a rentabilidade estão na pauta das prioridades das organizações, a manutenção é o ponto-chave na estratégia do negócio.

A manutenção moderna não existe apenas pela simples necessidade de execução da manutenção dos ativos e sistemas operacionais, mas como vantagem competitiva, onde é possível otimizar a performance, gerenciar os riscos e os custos associados a eles.

A determinação da política otimizada da manutenção, passa necessariamente pela disponibilidade dos ativos, com uma profunda análise de sua confiabilidade, sua mantenabilidade, buscando determinar além das relações dentro dos sistemas, as melhores formas eficazes de melhorias, sejam elas via estratégias e projetos de melhorias contínuas.

Para que a organização consiga alcançar a excelência operacional, a manutenção estratégica acaba se tornando o melhor caminho, pois somente através dela a equipe poderá adquirir um know how técnico e assim gerar um diferencial junto a seus concorrentes.

Para alcançar a tão sonhada excelência operacional, a manutenção deve executar suas atividades com disciplina, de acordo com as regras e os padrões estabelecidos, para alcançar os resultados esperados, buscando as oportunidades de melhoria.

Assim, é possível fazer a coisa certa, no tempo certo, da maneira mais eficaz.

Fontes de Informações

- Livro Manutenção Função Estratégica - Allan Cardec e Nascif.
- Fases de Des. Sist. Empresariais, Apresentação Power Point - Autor desconhecido.
- As verdades do Universo da Manutenção - Autor desconhecido.
- Norma NBR 5462.
- Norma PAS 55 – ISO 55.000.

Sobre o Autor

Edson Gonçalves, 47 anos, nascido no dia 11/04/1974, na cidade de Coronel Fabriciano em Minas Gerais, filho de Otil Gonçalves Neto e Maria Vieira Gonçalves, é o quinto filho de uma família de sete irmãos. Casado desde o ano 2000 com Neide Oliveira Gonçalves Guerra, pai de duas filhas, Sabrina e Emanuelle. Está sempre presente, não abre mão do convívio familiar onde encontra tranquilidade e equilíbrio para equalizar as pressões do trabalho e o aconchego da vida em família.

Filho de família de classe baixa, de pais sem formação escolar, estudou em escolas públicas, sempre obteve médias significativas, as quais o propiciou a nunca ter sido reprovado.

Teve sonhos de criança, começou pelo futebol, onde algumas tentativas de se profissionalizar no mundo mágico do esporte não foram muito bem sucedidas com relação ao lado financeiro, porém, educacional e culturalmente pode ser orientado de forma correta, o que o manteve longe da bebida e das drogas ilícitas, práticas essas que são cultivadas até os dias de hoje.

Teve uma infância feliz com muita agitação e liberdade para realizar todas as peripécias de uma criança em fase de crescimento.

Técnico em Mecânica, formado no ano de 1992 na Escola Técnica vale do Aço, iniciou por diversas vezes o curso superior sem muito sucesso devido à dedicação às funções do trabalho, com diversos cursos de aperfeiçoamento, inclusive no exterior, iniciou sua carreira profissional como estagiário de uma cimenteira na cidade de Santana do paraíso em Minas Gerais.

Após seu estágio, foi mecânico de manutenção de algumas prestadoras de serviços (Ebec e Sankyu) nas dependências de uma usina siderúrgica na cidade de Ipatinga MG, onde foi efetivado como Inspetor de Manutenção pela USIMINAS (Usinas Siderúrgicas de Minas Gerais), trabalhou por alguns anos exercendo a função, até sua transferência para a concorrente CSN (Companhia Siderúrgica Nacional) na cidade de Araucária PR.

Cumpriu mais um ciclo durante alguns anos, também exercendo a função de supervisão de manutenção e inspeção, onde pode desenvolver diversas habilidades técnicas as quais lhe deu a condição de evoluir suas práticas e conhecimentos voltados para a inspeção de manutenção industrial.

Transferiu-se para uma empresa do ramo Petroquímico (Arauco do Brasil) onde trabalhou por mais 2 anos exercendo as funções de gestão de manutenção e aplicando seus conhecimentos para atingir os resultados esperados pela organização.

Formado atualmente em Engenharia Mecânica, e nos dias de hoje continua exercendo as funções como Gestor e Empresário, onde é um dos sócios da empresa de Consultoria, Assessoria e Execução de manutenção em geral em todos os segmentos industriais em prol do desenvolvimento de novas técnicas de manutenção e de inspeção sensitiva, voltada para a evolução da manutenção industrial, procurando sempre cumprir suas metas e atender todas as expectativas das organizações as quais necessita de seus serviços.

Especializou-se em treinamentos técnicos, onde ministra vários treinamentos desde a prática de execução, até a gestão de liderança e comportamental para organizações que necessitam de reestruturar seu efetivo técnico. Tornou-se especialista em Gerenciamento de Manutenção Industrial e hoje realiza consultorias e assessorias em diversas empresas dentro e fora do Brasil aplicando as técnicas de acordo com as normas vigentes e as melhores práticas mundiais.

Vida Profissional

Especialista em Manutenção Industrial, com diversos cursos de aperfeiçoamento, inclusive no exterior, com sólida atuação em empresas e indústrias de grande porte, desenvolvendo atividades na área da manutenção e produção.

Área de atuação: Técnica - Manutenção - Engenharia

Experiências Internacionais

- Japão.
- Estados Unidos.
- Alemanha.
- Holanda.
- Argentina.

- Chille.

Experiências Profissionais

Empresa	Cargo	Período
-Cimento Caue S.A	Técnico em Mecanica	1 ano
-Sankyu S.A	Mecânico Ajustador	1 ano
-Carvalho Mont. Ind.	Mecânico Ajustador	1 ano
-Usiminas – Usinas Sid. MG	Supervisor de Inspeção	6 anos
-CSN – Comp. Sid. Nacional	Supervisor de Manutenção	9 anos
-Arauco do Brasil	Supervisor de Manutenção	2 anos
-Optimus	Gestor	Atual

Descrição das Principais Atividades Desempenhadas

Participação nos projetos de implementação de novas unidades de produção.

Gerenciamento das equipes de montagens, alinhamentos, ajustes, lubrificação e testes do start-up das linhas de produção de Laminação a Frio.

Desenvolvimento e aplicação de novas sistemáticas de manutenção das unidades de produção, otimizando os recursos, minimizando as necessidades de intervenção e consequentemente reduzindo custos de mão de obra e materiais sobressalentes na proporção de 12% ao ano.

Desenvolvimento e reformulação de todo sistema hidroestático de lubrificação e refrigeração dos mancais e rolamentos dos cilindros de laminação, aumentando sua vida útil em aproximadamente 60%.

Redimensionamento de componentes e equipamentos aumentando o volume de produção em 15%, garantindo sua disponibilidade e confiabilidade.

Participação do grupo de voluntários, desenvolvendo dentro da empresa a cultura de segurança com o objetivo de atingir o índice zero de acidentes.

Coordenar e supervisionar equipe de inspeção técnica para avaliação das condições de funcionamento dos equipamentos.

Coordenar e supervisionar elaboração de programação das atividades para encaminhamento dos equipamentos para manutenções, preventivas, preditivas e corretivas.

Desenvolvimento e implantação de condições de manutenabilidade dos equipamentos.

Implantação do programa de vazamentos zero.

Elaboração de treinamentos para os colaboradores recém-admitidos.

Supervisionar e acompanhar as atividades de caldeiraria.

Supervisionar e acompanhar as atividades de usinagem e retífica.

Implementação do sistema de gerenciamento de manutenção.

Elaboração de procedimentos de manutenção.

Elaboração de sistemáticas de planos de manutenção, inspeção e lubrificação.

Especificação técnica dos componentes e elementos de máquinas dos equipamentos.

Implantação da sistemática TPM, RCM e MOC.

Aplicação de Brainstorm e Bentchmarkim.

Implantação e Aplicação dos métodos de avaliação e análises de falhas.

Elaboração de orçamento anual.

Implantação de gestão de manutenção à vista.

Elaboração de visão, missão e objetivos da manutenção.

Desenvolvimento de sistemática de manutenção em função de normas técnicas para equipamentos dedicados.

Gerenciamento de contratos de terceiros.

Desenvolvimento e avaliação de novos fornecedores e prestadores de serviços.

Elaboração de indicadores da manutenção.

Contatos com fornecedores para desenvolvimento de sobressalentes e ou readequação de equipamentos e componentes.

Visitas técnicas a fornecedores e fabricantes para avaliação e inspeção dos equipamentos.

Acompanhamento e supervisão das execuções das atividades programadas e emergenciais.

Desenvolvimento de manuais descritivos técnicos para equalizar as informações junto aos fornecedores, analisando as normas cabíveis para cada aplicação.

Prestação de serviços de consultoria e assessoria à manutenção, das organizações nacionais e internacionais.

Palestrante de estratégias e ferramentas estratégias de manutenção.

Instrutor de treinamentos técnicos e práticos referente aos elementos de máquinas e diretrizes de manutenção.

Habilidades Pessoais

- Tranquilidade, Curiosidade, Atenção.
- Facilidade de Relacionamento Interpessoal.
- Busca por aprendizado, Desenvolvimento e Resultados.
- Disciplina, Liderança Situacional.

Cursos de Aperfeiçoamentos

Inspetor de Soldagem Nível 1, Inspetor de LP.
Desenho Mecânico, Metrologia, Alinhamento de Máquinas, Maçarico de Corte.
Hidráulica, Esquemas Hidráulicos, Sistemas de Gerenciamento de Manutenção.
Solda, Freios, Vedações, Filtros, Lubrificantes e Lubrificação Classe Mundial.
Roscas, Cabos de Aço, Correias, Bombas, Correntes.
Manutenção Preditiva, Controle de Custos, PCOM, Sistema de Gestão Ambiental.
Especificações de Válvulas, Rolamentos, Mancais de Rolamentos.
Controle de Vapor e Ar Comprimido, Pneumática, Redutoras.
Inspetor de Equipamentos, RCM, MOC, Controle de Qualidade Total.
Chefia e Liderança, Garantindo a Primeira Imprensão.
Assertividade e Desinibição, A Arte de Falar em Público.
Liderança Ocupacional, Técnicas de Abordagem e linguagem corporal.
NR 11, NR 13, NR 18, NR 33, Manutenção Classe Mundial, Ms Project

OBS: *Condecorado pela USIMINAS como Operário Destaque de Qualidade em virtude do comprometimento, esforços e resultados obtidos em busca da qualidade total.*
Condecorado pela ASSOCIAÇÃO BRASILEIRA DE LIDERANÇA - BRASLIDER com o Prêmio EXCELÊNCIA E QUALIDADE BRASILBRASIL, MELHORES DO ANO na categoria PROFISSIONAL DO ANO em Consultoria Técnica Mecânica em 2014, 2015, 2016, 2017 e 2019.
Reconhecido como Especialista em Rolamentos Pela NSK-Maior fabricante de Rolamentos Japonês.

Contatos:
edinhoguerra@bol.com.br
edson@optimuscsi.com.br
41-99667-6914

Desordem

Os presos fogem do presídio
Imagens na televisão
Mais uma briga de torcidas,
Acaba tudo em confusão
A multidão enfurecida,
Queimou os carros da polícia
Os preços fogem do controle,
Mas que loucura esta nação
Não é tentar o suicídio
Querer andar na contramão

Não sei se existe mais justiça,
Nem quando é pelas próprias mãos
População enlouquecida, começa então o linchamento
Não sei se tudo vai arder
Como algum líquido inflamável,
O que mais pode acontecer
Num país pobre e miserável
E ainda pode se encontrar
Quem acredite no futuro

É seu dever manter a ordem,
É seu dever de cidadão,
Mas o que é criar desordem,
Quem é que diz o que é ou não?
São sempre os mesmos governantes,
Os mesmos que lucraram antes,
Os sindicatos fazem greve
Porque ninguém é consultado
Pois tudo tem que virar óleo
Pra por na máquina do estado.

Quem quer manter a ordem?
Quem quer criar desordem?

Titãs

Realização

OPTIMUS

- SISTEMÁTICAS
- UNIFICADAS
- MANUTENÇÕES
- INSPEÇÕES
- TREINAMENTOS
- PROCESSOS
- OTIMIZAÇÕES

O que é a **OPTIMUS**:

Uma empresa voltada para Otimizações de Processos, Treinamentos, Inspeções e Manutenções Unificadas e Sistemáticas.

Nossa atualidade promove uma competitividade extrema, exigindo das

Organizações um processo de melhoria contínua jamais visto, processo este que muitas vezes tem se tornado um ponto de interrogação em alguns estágios desta evolução sistemática da cadeia produtiva.

A complexidade desta sistemática se dá devido a necessidade da organização

detectar o ponto primordial a ser tratado em sua cadeia produtiva, pois este é o grande desafio encontrado. Tendo conhecimento desta grande necessidade, a OPTIMUS decidiu disponibilizar o tempo e conhecimentos de seus profissionais, adquiridos ao longo de 20 anos de atuação em empresas multinacionais de grande porte, experiência esta nas áreas de otimização, processos, treinamentos, inspeções, manutenções, sistemática, produção, projetos, redução de custos, qualidade, segurança e meio ambiente, a fim de disponibilizar soluções industriais inteligentes *aos seus clientes e parceiros.*

Além de fornecer a solução para os problemas apresentados, a **OPTIMUS** promove também a execução de tais atividades e a capacitação dos profissionais envolvidos no desafio em questão.

A OPTIMUS oferece soluções inteligentes nas seguintes áreas:

Execução e/ou Orientação de Implantação de Sistemática de Gestão da Manutenção;

- Gestão do Negócio;
- Gestão de Habilidades Técnicas;
- Gestão de Programação;
- Gestão de Controle;
- Gestão de Custos;
- Gestão de Materiais;
- Gestão de Conteúdo Técnico;
- Gestão de Integração;
- Gestão de Confiabilidade;
- Gestão de Excelência;
- Gestão de Projeto;
- Gestão de Planejamento;
- Gestão de Execução;
- Gestão de Análise de Falha;
- Gestão de Ferramentas;
- Gestão de Contratos;
- Gestão de Desenvolvimento;
- Gestão de Processo;
- Gestão Financeira dos Ativos;

Consultoria em Manutenção e Cadeia Produtiva;

- Avaliação e adequação da sistemática de manutenção existente;
- Revitalização da estrutura (Homem/Hora) utilizada pela corporação;
- Otimização de processo, avaliando desde o planejamento de manutenção, processo logístico interno, PPCP, produção e interferências na qualidade final;
- Execução e orientação de Benchmark e Brainstorm;
- Aplicação da sistemática de modelos mentais para tomada de decisões;
- Orientação para desenvolvimento de sistemática de gerenciamento de sistemática para Manutenção/Produção;

Treinamentos;

- Liderança, promovendo uma visão sistêmica do setor e de toda organização;
- Inspeção sensitiva das máquinas e equipamentos;
- Metrologia aplicada;
- Elementos de máquinas;
- Ajustagem;
- Estratégias de Manutenção;
- Técnicas de abordagem comportamental;
- Orientação para ensaios não destrutivos;
- Análise de falha;

• Palestras para eventos de segurança, manutenção, produção, motivacionais e feiras;

Estudo e desenvolvimento de técnicas e métodos para otimizações dos processos e redução de custos;

- Realização de estudo de tempos e métodos;
- Avaliação e adequação do layout fabril;
- Estudo e definição de itens e equipamentos críticos;
- Estudo e adequação dos estoques de insumos e sobressalentes;
- Otimização do processo;
- Estudo e implementação de novas ferramentas e metodologias.

Auditorias orientativas e avaliativas na sistemática de manutenção e processo;

Execução de inspeção sensitiva e manutenção de máquinas e equipamentos industriais em geral.

Outros Projetos:

• ***Livros Técnicos:***

"Manual Básico para Inspetor de Manutenção Industrial".
"Manutenção Industrial – Do Estratégico ao Operacional".
"Manual Básico para Inspetor de Manutenção Industrial 2".
"Manutenção Industrial Básica para Aprendizes Volume 1".
"Os 5 Principais Elementos da Manutenção Industrial".

• A melhor ferramenta é a SOLUÇÃO.
A melhor solução é a EXPERIÊNCIA.
A melhor experiência é a EXECUÇÃO.
A melhor execução é a OPTIMUS"...

OPTIMUS Soluções Inteligentes

R. Alcebíades Plaisant nº 1085 sala 404 Água Verde - Curitiba - PR CEP-80620-270

www.optimuscsi.com.br
edson@optimuscsi.com.br
41-3343-0029 / 41-99667-6914

Apoio

ROLSUL
Rolamentos e Retentores

DOCTOR LUB
Soluções em lubrificação

RPM SUL
Soluções em Manutenção Preditiva

"Fechei algumas portas durante a minha vida. Mas não por orgulho ou arrogância. Simplesmente porque elas já não me levaram a lugar algum".

Paulo Coelho

Impressão e acabamento
Gráfica da Editora Ciência Moderna Ltda.
Tel: (21) 2201-6662